本书为"海峡两岸文化发展协同创新中心"成果

闽台民居建筑的渊源与形态

■ 戴志坚/著

人民出版社

前　言

　　我们把这套书,献给关心两岸文化发展的朋友们。

　　两岸和平发展,是萦系海内外中华民族子孙心上的一个最牵动民族感情的大事。中国几千年历史上,曾经出现过多次分裂,或南北对峙,或东西抗衡,但历史最终都走向民族和国家的重新统一。其重要的原因之一,是中华文化巨大的民族凝聚力。同样,在近一百多年来,台湾与祖国大陆也处于被割据和相对峙的疏隔状态。但无论是日本帝国主义的殖民统治,还是延续国内战争造成的两岸政治对峙,纵使有某些别怀居心的异国势力介入和岛内分离分子的鼓噪,台湾始终是祖国不可分割的一部分,没有、也不可能从祖国分离出去。其重要的原因之一仍是,台湾同胞和祖国大陆同胞一样,都是中华民族的伟大子民;台湾社会和祖国大陆社会一样,都是奠立在中华文化基础之上建构和发展的。共同的文化,是一股潜在的、巨大的力量,无论过去、现在,还是将来,都是维系台湾与祖国大陆不可分割的深厚文化基因。正如江泽民在《为促进祖国统一大业的完成而继续奋斗》的讲话中所指出的:"中华各族儿女共同创造的五千年灿烂文化,始终是维系全体中国人的精神纽带,也是实现和平统一的一个重要基础。"

　　台湾与祖国大陆的文化亲缘,最先、也最直接地就体现为台湾与福建的文化亲缘关系。这是因为,福建与台湾同处于台湾海峡的两岸;福建社会与台湾社会都是以中原南徙的移民为主体先后建立起来的社会,稍有不同的是:中原移民南徙福建,大约到宋代已基本完成;而在台湾,则是由定居福建之后的中原移民后裔,自明末至清中叶,才再度大规模迁徙入台。随同移民的携带,中原文化经历在福建的本土化发展之后,也以闽(主要是闽南)文化的地域形态,再度传入台湾,成为台湾社会建构的文化基础,并与福建社会一样,经历了一个共同的内地化、文治化,也即中原化的过程。因此,闽台(亦即台湾海峡两岸)被视为一个共同文化区,皆因其文化有着历史形成过程中先后承递的文化亲缘关系。追寻台湾文化的来路,便不能不追根到闽(闽南)文化二度传递的汉民族文化的源头。作为闽籍文化学者,我们无论是在进行福建文化研究,还是在探询台湾文化的存在和发展,都会触及闽台文化关系这个寓意深远的敏感神经,也会为闽台(两岸)文化这种共同源于中原汉民族文化而又呈现出多样形态的魅力所感动,也深感有责任揭示闽台(两岸)文化这种同根共源的密切亲缘关系,以更有利于促进两岸和平发展,推动民族和国家的最终统一。

为此,我们组织撰写了"海峡两岸文化发展丛书·闽台文化关系篇"。顾名思义,是以"文化"为讨论对象,以"关系"为切入点,在闽台背后,涵盖的其实是两岸,所涉及的问题也不仅止于文化。它是以闽台为中心,以文化为重点,来论析两岸关系的一套系列研究论著。

文化是一个庞大、复杂而丰富的现象。就文化的形态而言,有所谓"俗民文化"(或称俗文化、常俗文化等)和"精英文化"(或称雅文化、士人文化等);就文化的过程看,有文化的历史形成,也有文化的现代发展,等等。"闽台文化关系篇"侧重的是文化形成过程中的历史关系,对于文化的现代发展与当下的存在状态,相对着墨较少。而在文化形成的历史关系讨论中,主要以俗民文化为对象,包括方言、民俗、民间信仰、民间戏曲、民间音乐、民居建筑等,也略为涉及诸如教育与文学等一般划属精英文化范畴的论题。这是因为俗民文化是随同移民与"身"俱来的底层的基本生存经验,是最早、也最大量地存在于闽台民间之中的一种基础性文化。显然,由于诸多原因,列入"闽台文化关系篇"的这些专题,无论是俗民文化层面还是精英文化层面,都只是很少的一部分,远非全面,还有很多专题,有待我们今后以及更多的同行继续努力。

两岸文化问题是当今社会不断有人提出并给予关注的问题,但却少见有专门性的研究论著行世。我们这套丛书仅是个初步的尝试,肤浅、不足和失误之处,当所难免。我们诚恳地期待关心两岸文化发展的学界先进和读者朋友们给予批评。

感谢福建师范大学海峡两岸文化发展协同创新中心对丛书的出版给予的支持。

刘登翰 林国平

二〇一三年七月

目　录

绪　论

我国历史悠久,文化灿烂,建筑遗产十分丰富,不仅有雄伟庄严的宫殿、坛庙、陵墓、寺观等建筑群,还有住宅、祠堂、会馆、书院等民间建筑。住宅是最基本的、最大量的、与人民生活密切相关的一种建筑类型。为了区别于今天的新住宅,我们把它称为传统民居或民居建筑。

中国传统民居是在长期的历史演变和文化沉积的基础上逐步形成和发展的。它根植于农业文明,所代表的是具有丰富文化内涵、极富人情味和地方特色的居住建筑形式。遍布全国各地的千差万别、瑰丽多姿的民居建筑,是我国宝贵的建筑文化遗产,也是人们建造新住宅时可资借鉴的源泉。

陆元鼎先生认为,民居形态包括社会形态和居住形态。社会形态指民居的历史、文化、信仰、习俗和观念等社会因素所形成的特征。居住形态指民居的平面布局、结构方式和内外建筑形象所形成的特征。传统民居的特征在建筑上主要表现在三个方面:一是平面布局和环境特征。它反映了社会制度、家庭组织、习俗信仰和生产生活方式在民居中的体现。二是结构和外形特征。它反映了气候、地理和材料、构造技术等对建筑的影响。三是装饰装修和细部特征。它反映了文化、习俗和审美意识在民居建筑内部和外观艺术上的表现。

中国地大物博,人口众多。由于各地气候、地理、地貌以及材料的不同,造成民居的平面布局、结构方式、外观和内外空间处理也不尽相同。也就是说,民居的形成与社会、文化、习俗等有关,又受到气候、地理等自然条件影响。例如,在封建社会,血缘、亲缘、家族体系和农业生产方式决定了汉族人的家庭组织及其生活方式,在传统民居中就出现院落式布局方式,我国汉族民居大多属于此类布局方式。但是,由于南北气候的悬殊,东西地理的差异,在北方干寒地区形成的是合院式民居,在南方湿热地区就形成天井式民居,在中原黄土地带形成的是窑洞民居,在沿海多台风和内陆多地震地区则形成穿斗式民居。

福建和台湾的传统民居建筑是我国传统民居建筑的一个重要组成部分。提起福建民居,人们首先想到的可能是土楼。实际上,土楼只是存在于闽南、闽西山区的一种独特的建筑形式。现存的以明清两代为主的福建民居,不仅有聚族而居、粗犷雄伟的土楼、土堡,也有富丽堂皇的"尚书第"、"大夫第"等大型府第,还有许多空间体形极富变化的民间住宅,呈现出多彩多姿的风貌。福建民居的某些独特的布局形式和营建手法,至今仍被沿袭使用。台湾与福建一水相连,台湾的许多传统建筑是随着福建迁去的居民移植到台湾的,海峡两岸民居建筑之间的渊源关系十分密切,建筑形式极其相似。闽台民居在平面布局、结构体系、外部造型以及细部装饰等方面,既保持中轴线对称、院落组合、木构承重体系和坡屋顶等我国汉族传统民居建筑的共同特征,又因为历史背景的不同和自然条件的变化,逐渐形成鲜明的地方风格。闽台民居在我国民居建筑中独树一帜,正日益引起我国建筑界的注意和兴趣。

优秀的传统民居建筑,既有历史和文化价值,又有实用和艺术价值。笔者认为,闽台民居有以下几个方面的成功经验值得我们进一步研究、总结和借鉴:

一、村落布局顺应自然环境和气候条件

传统民居多能因地制宜、就地取材、因材施工。自然地理条件的差别使得民居村落或依山、或傍水、或组合、或分散,呈现出丰富多彩、千变万化的景观效果。如闽北武夷山市的城村、闽东福安市的廉村等村落布局就很有特色。传统民居建筑单体在适应气候条件,组织良好的通风、采光、遮阳、挡雨、防风等方面,也有着成功的经验。

二、重视对自然生态的保护

民居建筑的选址对方位、人口、朝向等非常重视。宅基选址靠近水边,体现对水的亲近,方便生产、生活和排污。同时还重视植被、绿化,以及对山林的保护,如对"风水林"的保护和崇拜,创造宜人的居住环境,体现了朴素的自然生态观。在生态环境不断恶化的今天,这方面的经验显得特别重要。

三、空间功能、结构形式和地方建筑材料的统一协调

在传统民居建筑单体上,利用穿斗木构架和抬梁木构架的有机结合,构成民居的承重构件;在外围护墙上,充分利用当地特有的土、石、砖、竹、泥等材料。以上两者合理搭配,有机结合。对于乡土建筑材料,既发挥材料的力学性能,又注重材料的质感和美学因素,形成和谐、自然、朴实的民居建筑立面形式和村落景观。

四、民居建筑装饰与地方传统文化、工艺结合

民居建筑上应用了木雕、石雕、砖雕、陶塑、灰塑、嵌瓷等民间装饰装修技艺;花窗、梁架、山墙、盆景、楹联、匾额、家具、字画乃至村名、宅名,具有浓厚的、独特的乡土文化气息;建筑装饰装修上的砖、木、石、陶、竹、泥乃至编织物精工细做,物尽所能,毫不矫揉做作。如惠安石雕、漳州嵌瓷、莆田木雕、武夷山砖雕都是地方传统工艺的佳作。

五、最大限度地利用乡土建筑材料与废弃物品,发挥构件材料的天然性能

许多山区民居采用生土夯筑的墙体,不仅具有防御功能,还有保温、隔热、防潮、防风等作用。福州民居利用城市拆除旧房的碎砖烂瓦夯筑成城市瓦砾土墙,泉州民居利用地震后碎砖创造了"出砖入石"墙体,沿海民居用大海蛎壳砌成墙体。这样既解决了城市废旧材料的处理问题,又综合利用了乡土建筑材料,节约了投资,是成功的范例。

六、强调地方特色

地方材料、历史文化心理、风俗习惯等的不同,形成了民居建筑群落各自不同的构成模式、建筑风格和审美情趣。例如:同是风火山墙,闽东民居与闽北民居就不一样,即使在闽东民居内部,福州、闽清、福清的风火山墙也有差别;闽南泉州民居的外墙面,采用红砖拼贴出各种图案,富有美感;闽北民居和闽中民居,由于当地盛产木材,巨大的木构架或悬挑,或落地,或支撑,随地形起伏而变化无穷,增加了建筑可识别性和欣赏审美价值。

民居研究大致有两种不同的学术取向:从文化角度或从社会角度。前者是从文化特征以及集合体入手进行研究,后者是从社会关系及结构入手进行研究。文化角度研究注重民居的型制、形态以及它们背后建筑观念的诠释,注重民居的社会文化意义及民居建筑史料的建立。社会角度研究注重聚落

的结构和形态以及它们背后的社会组织和生活圈的诠释,注重探究聚落的整体面和住区的空间结构、居住形态。长期以来我国的民居研究主要偏重于从文化的角度进行,而从社会角度的研究还没有得到充分发展。因此需要将两种研究取向结合在一起,特别是要加强从社会角度进行民居的综合研究。例如,在闽台民居研究方面,不是局限于单个民宅的平面、梁架、型制的研究,而要综合论及村落中的宗祠、寺庙、学堂、戏台、商铺等各类建筑,并结合历史、地理、社会、风俗、文化等方面的因素,探讨它们与民居之间的互动关系。

　　闽台民居建筑是先民们留给我们的一笔丰厚的建筑文化遗产,也是众多老百姓的居住现实。本书拟从闽台的历史、自然、社会入手,对民居的群体组合、平面布局、空间处理、外部造型、细部装饰等方面进行介绍,希望能够帮助读者较全面地了解闽台民居建筑的概貌。

第一章　南方民系与闽海系民居建筑

在长达千年的迁徙过程中,中原移民所挟带的中原文化与东南地区原有的百越文化相交融,形成了独特的地域文化——东南文化,并逐渐形成了该地域的五大民系:湘赣系、越海系、闽海系、广府系和客家系。闽海系的形成不晚于五代十国。闽海系的产生受到了语言条件、外界条件、自然条件的影响。闽海系的分布基本上与今福建省的行政区域相吻合,仅闽西、闽西南为客家系所占,福建最北的县浦城县为越海系的南部边界。闽海系的南部边界跨出了福建省界延伸到广东的潮汕地区,东部边界越过台湾海峡延伸到台湾、澎湖列岛等岛屿。根据方言分布、地域文化、自然地理条件的不同,闽海系民居分为六大区域:闽南民居、闽东民居、莆仙民居、闽北民居、闽中民居和台湾民居。

第一节　民系、南方民系、闽海系

一、民系

民系这个概念,是罗香林在 20 世纪 30 年代为研究客家民系而创造的一个新术语。半个多世纪以来,这一术语已约定俗成,为中外学术界所接受。它的内涵就是同一民族内部的各个独立的支系或单元。潘安说:"民系是一种亚民族的社会团体,是民族内部交往不平衡的结果,每个民系都有自己的方言、相对稳定的地域和程式化的风俗习惯与生活方式。"[①]

---

① 潘安:《客家民系与客家聚居建筑》,中国建筑工业出版社 1998 年版,第 2 页。

在汉民族发展的漫长历史上,由于自然环境、民族迁徙和其他社会历史条件的变动,其内部又衍生出众多的支脉,即民系。这些民系统一于汉民族共同体中,但在语言、习俗、民风及其文化表象上,又具有各自的特点,构成一个个相对独立的单元。在民族史上,类似于汉民族这种同一民族共同体之内又衍生出众多民系的例子还有不少。如今天的藏族以讲藏语为主,但也有一部分人讲白马语、嘉戎语、尔苏语、纳木义语、木雅语、道浮语、史兴语、贵琼语、却域语和普米语等。在藏语内部,还分成卫藏、康、安多三种方言。由于自然环境的不同,分布在不同地域的藏族人在经济上、生活方式上也各有特点,形成绚丽多彩的多元文化格局。[1]

根据王东的观点,一个民族共同体之所以在其内部又衍生出不同的民系,原因是多种多样的,主要有以下三种情况:其一,该民族在形成和发展过程中,融合了其他民族的一些成分,而这些被融合的成分虽改变了其原先的民族属性,但依然保留了其中的某些因素,从而在语言、生活和其它民俗习惯方面有别于该民族的其他成员。其二,该民族在自身发展过程中,由于人口的增长或者天灾人祸以及其他原因而造成大规模迁移,并由此而形成众多的民系。一方面由于大规模的人口迁移,使得移民能在总体上保持其原先的民族属性,而不至于被迁入地的土著民族同化;另一方面,由于要适应新的生产和生活环境,又必然要与迁入地的土著民族或居民发生交往,从而逐渐形成一些有别于原先族属特性的新的特点。这些新的特点一旦形成,一个新的民系就因此而形成。其三,由于各分布地域内自然条件和社会历史条件的差异,使得同一族属的人们在不同的居住区域内形成各自不同的特点,并由此而形成不同的民系。[2]

二、南方民系

汉民族发源于黄河中下游流域,后因种种历史原因向四面八方发展,在与当地土著居民的不断融合过程中,经历了无数次裂变和重组,在不同的地域里逐步发展演变成为各自独立的民系。现在汉民族仍存在着七大民系(北

---

① 李绍明:《论藏族的多元一体格局》,费孝通主编《中华民族研究的新探索》,中国社会科学出版社 1991 年版,第 98 页。

② 王东:《客家学导论》,上海人民出版社 1996 年版,第 6~7 页。

方两个,南方五个),十大方言。(表1–1)

表1–1　汉民族语言与民系构成

方　言	北方官话、江淮官话、西南官话、晋语	吴　语	湘语、赣语	闽　语	粤　语	客家语
民　系	汉民族主体	越海系	湘赣系	闽海系	广府系	客家系

罗香林早在 20 世纪 30 年代研究客家源流时,就对汉民族的民系形成问题提出了自己的看法。首先,将汉民族共同体分为北系和南系两大支脉。所谓"北系",就是我们通常所说的北方人,也就是一般意义上的中原汉人;"南系"则是由于南迁而形成的南方各大民系的总称。"南系"汉人在总体上可以分为五大分支。他们是越海系、湘赣系、广府系(又称南汉系)、闽海系和客家系。

关于这五大民系形成的时间,罗先生认为有先后顺序:广府系形成于五代十国时期的南汉,与刘岩建立南汉王国有关;越海系和湘赣系形成于五代;闽海系和客家系都形成于王审知称王闽地时期。[1] 也有些专家持不同看法。王东认为,在今天汉民族的不同民系中,越海系形成最早(应不晚于南朝时期);广府系、闽海系、湘赣系次之(基本上都形成于五代十国时期);客家系最晚(明代中期)。[2] 林嘉书则认为,南方汉族各民系不仅同源,而且还有着一部共同的由北向南移民史,而不是不同时不同路的。[3] 陈支平也持这一观点。他分析除了罗香林所描绘的秉承中原士族的血源而逐渐迁移到闽粤赣边界山区成为客家人的这一类型外,至少还有四种类型:一是客家人与非客家人南迁时为同一祖先,后来分支各处,有的成为客家人,有的成为非客家人。二是原为非客家人,迁入闽粤赣边界山区后成为客家人。三是原为客家人,迁入非客家区后成为非客家人。四是客家人与非客家人交相混杂,反复迁徙。他认为:客家民系与南方各民系的主要源流来自北方移民与当地土著先民的

---

① 罗香林:《客家研究导论》,台北:众文图书股份有限公司 1981 年版。
② 王东:《客家学导论》,上海人民出版社 1996 年版,第 60 页。
③ 林嘉书:《对"客家迟来"说的再研究》,见谢剑、郑赤琰主编《国际客家学研讨会论文集》,香港中文大学、香港亚太研究所海外华人研究社,1994 年,第 3 页。

融合,客家血统与闽、粤、赣等省的其他非客家汉民的血统并无明显差别,客家民系是由南方各民系相互融合而形成的。之所以有客家这一独立的民系是纯正中原血统的说法,是由于自明代后期以来,客家人在与广东南部的汉人和闽南"福佬"系统的汉人冲突中,经常处于劣势,从而唤醒了客家民系的自我觉悟、自身团结和族群凝集的意识,并且这种意识空前高涨。他们利用当时逐渐约定俗成的名词,自称"客家",有意识地把自己民系与其他民系分别开来。[①]

从汉民族迁徙的历史可以看出,"永嘉之乱"开中原汉人南下的先河。先锋到达楚、越区域,与当地人融为一体,至南北朝时,形成了汉民族的两个最早民系——越海系和湘赣系。越海系操吴语,来自古吴越国影响。湘赣系使用湘语,源于古楚语。"安史之乱"后大批北人再度南迁,因古楚、古越地区已形成民系,土地瓜分基本完毕,迫使部分汉人再次冒险,进入闽、粤地区。由于汉代在粤地建有南越王朝,晋时也有部分汉人通过陆、海路进入闽地,当大量汉人再次涌入该地区,并且出现五代十国、军阀割据的条件时,新旧汉人融合一起,形成了两个新民系——广府系和闽海系。广府系使用粤语,是秦时南下将士与当地人结合而形成的一种方言。闽海系使用闽语,是先期迁往闽地的变种吴语。至此,汉民族的四大民系已将东南地区地势平坦、土地肥沃、资源丰富的区域瓜分完毕,唯独留下被称之为穷山恶水的武夷山区和岭南山区。当"靖康之乱"迫使大批汉人再次南下时,有相当数量的汉人不得不进入该地区,形成了一个新的民系——客家系。使用的客家话源于中原古唐音。

从东南地区的开发过程来看,越海系形成不晚于南北朝时期,广府系和湘赣系形成不晚于唐代,闽海系形成不晚于五代十国,客家系形成不晚于北宋末年。这五大民系均是北来汉人的一部分,有着一部共同的南迁史。他们在不同的时期,分布在不同地域并逐渐分化为不同的民系。

在研究过程中,我们发现民系的区域分布与语言的区域分布基本是对应的。(表1-2)

---

① 陈支平:《福建族谱》,福建人民出版社1996年版,第237~279页。

表 1-2　汉民族方言与民系对应关系表

方　言	语　系	占汉族总人口	分布地区	民　系
北方方言	北方官话、江淮官话、西南官话、晋　语	70%	1. 中国北方大部；2. 中国西部的四川、贵州、云南、西藏；3. 下列省份部分地区：江苏、安徽、江西、湖北	汉民族主体
南方方言	吴　语	8%	上海、江苏南部、浙江、皖东南、赣东	越海系
	湘　语、赣语	7% 以上	1. 湖南中、南部；2. 江西中、北部	湘赣系
	客家语	4%	江西南部、广东东北部、福建西南部、台湾新竹、苗栗	客家系
	闽　语	4% 以上	福建大部、广东东部、雷州半岛、台湾大部、海南	闽海系
	粤　语	5%	广东大部、广西东南部	广府系

　　越海系分布区域为浙江大部、江苏南部、上海，对应语言为吴语；广府系分布区域为广东大部（除了东部、北部）、广西东南部，对应语言为粤语；湘赣系分布区域为湖南洞庭湖以南大部分地区、江西中部和北部，对应语言为湘、赣语（有专家认为，湖南的大部分人口是在明清时从江西迁入的，故将湘赣归于一类 [①]）；客家系分布区域为粤东北、闽西、赣南，对应语言是客家话；闽海系分布区域为福建大部（闽西客家人除外）、广东东部和台湾岛，对应语言是闽语。（图 1-1）

――――――――――
　　[①]　谭其骧：《湖南人由来考》认为：今湖南人祖先十分之九为江苏、浙江、安徽、江西、福建人，而江西又占其中的 9/10。葛剑雄等的《移民与中国》指出：明初湘北的长沙一带迁入的移民占当地总人口的 90% 左右，其中江西籍又占 90% 左右。迁移到湖南的人数有一百余万，所以湘赣列为同一民系。

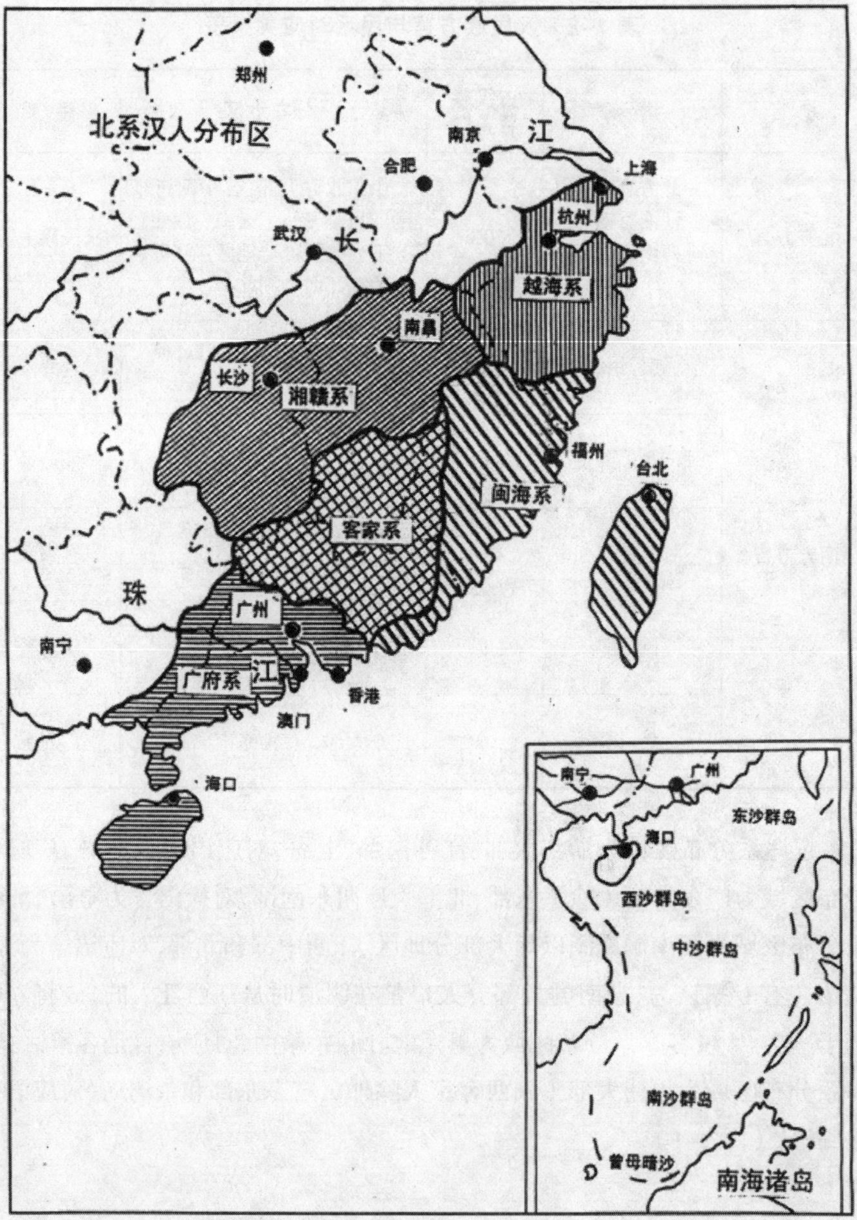

图1-1 中国汉族东南五大民系地理分布图

三、闽海系

从以上的分析得知,中国南方的五大民系都是民族迁徙的产物,闽海系是在汉民族的大迁徙过程中逐步形成的。

　　语言状况对民族的发展有着重大的影响和作用。没有民族的共同语言，人们就不可能形成统一的民族或民系。所谓民族共同语言，是在民族形成过程中以某种方言为基础，同时吸收其他方言的有益成分而成的。语言是人类社会交往的重要工具。在某种特定的历史条件下，民族内部的交往常常会出现不均衡现象。如果这种不均衡现象持续到一定时间并发展到一定程度，地方方言及伴之而来的民系就会相继产生。民系的方言是一种约定俗成的交往工具，是其民系成员将本民族语言的某些部分如发音、声调加以改正后的地方语言。中国人讲的许多地方语言相互之间很难听懂，正是由于汉民族内部彼此间的交往程度差异较大所形成的。如果汉民族的某一地区的社会联系非常密切，形成了地方方言，并沿着这一轨迹继续前进的话，就会在这一地区产生一种亚民族的社会组织结构，即"民系"。闽海系的形成正是这样。按照周振鹤、游汝杰先生的观点，福建省的方言，除去方言岛不计外，可以分为七片，这七片相应的流域和历史政区如表所示。（表1-3）①

表1-3　福建方言与流域、行政区关系

	今方言片	流　域	西晋政区	北宋政区	今行政区域
闽语	闽东	双溪、闽江中下游	晋安郡	福州（无寿宁）	福州市、宁德地区
	莆仙	木兰溪		兴化军	莆田市
	闽南	晋江、九龙江		泉州、漳州（加大田、尤溪）	泉州市、厦门市、漳州市、漳平、龙岩东半部
	闽北	闽江上源建溪	建安郡	建州	南平市、顺昌东半部
	闽中	闽江上源沙溪		南剑州西半部	三明市区、永安市、沙县
闽客过渡	闽西北	闽江上源富屯溪和金溪		邵武军（加顺昌、将乐）	明溪、将乐、建宁、泰宁、邵武、光泽、顺昌西半部
客家	闽西	汀江	晋安郡	汀州	龙岩市（无漳平、龙岩东半部）

---

　　① 周振鹤、游汝杰：《方言与中国文化》，上海人民出版社1986年版，第80～84页。

　　这七片当中除了闽西的讲客家话的客家人和闽西北的邵武、光泽、泰宁、建宁等地讲具有闽、赣方言特点的闽西北客家话的混合客家人外,都是讲闽语的闽海人。根据迁移时间、地点、地域分布的不同,福建的闽海人可分为五大支系:闽南支系、莆仙支系、闽东支系、闽北支系和闽中支系。对应语言为闽语的五大方言片。

　　但是方言并不是民系产生的唯一条件。如汉语中的西南官话和江淮官话这两种方言,并没有形成相应的民系。这是因为民系的产生还必须具备另一个因素——外界条件,如战乱、异族入侵及社会动荡等因素。战乱将部分汉民族人推出了汉民族文化中心区。面对新的环境,如环境恶劣、交通困难、语言封闭等,迫使他们不得不精诚团结、互助互利、共同开发,求得生存空间。久而久之,自然形成了一个有异于其他民系的新民系。

　　根据北方汉人入闽的时间和路线,福建可以分成两大片:一是东南沿海区,一是西北山地区。前者包括闽东、莆仙、闽南,后者包括闽北、闽中、闽西北。这两大片的分界恰好与晋代晋安郡和建安郡的分界重合。这个现象的产生与历史交通地理密切相关。福建的开发主要来自两个方向:一是由海路迁入大批北方移民,他们先在各江河出海口(闽江、木兰溪、晋江、九龙江)定居,建立一系列县城,合称晋安郡,然后又沿河谷向内地推进;另一个方向是由陆路从江西、浙江越过仙霞岭、武夷山进入福建,在闽江上游各流域设县,组成建安郡。两郡之间长期没有大规模的交流和接触,两郡之间的空间到唐代才逐步填满。所以至今闽东南沿海和闽西北山区社会文化方面仍存在着极大差异。

　　在古代的交通中,河流占最重要的地位。福建的河流都较短,而且大多独流入海。在两条河流之间往往有高大的分水岭阻隔,所以住同一流域的人民在社会、交通、经济、文化等方面显示出某种独立性。北宋所划定的福建二级政区到后代一直没有大的变动。我们将福建方言分区与南宋政区图叠合起来看,发现莆仙区完全等于兴化,闽东区相当于福州(仅寿宁属建宁府),闽北区大致相当于建宁府,闽南区相当于泉州和漳州,闽中区相当于南剑州东半,闽西北区比邵武军略大(包括南剑州的将乐、顺昌),闽西客家区完全相当于汀州。[①]

---

①　周振鹤、游汝杰:《方言与中国文化》,上海人民出版社1986年版,第80~84页。

综上所述,闽海系的产生受到了三个方面因素的影响:第一,语言条件。地方方言的产生是民系产生的前提条件。第二,外界条件。战乱、异族入侵、社会动荡加速了民系产生的过程。第三,自然条件。闽海人定居的地方交通不便,外界信息难以沟通,人们老死不相往来,割断了汉民族与其他民系的联系。在这三个方面因素的共同作用下,在汉民族文化发展过程中,闽海系的先民保存的原中华文化系统和语言系统逐渐产生差异和变化,形成了有异于汉民族其他民系的相对独立的闽海系。

闽海系的分布基本上与今福建省的行政区域相吻合,仅闽西、闽西南为客家系所占,福建最北的县浦城县为越海系的南部边界。闽海系的南部边界跨出了福建省界延伸到广东的潮汕地区,东部边界越过台湾海峡延伸到台湾、澎湖列岛等岛屿。

闽海系可以分为六个区:

(一)闽南区

包括今泉州市、漳州市、厦门市及广东潮汕地区。最早移民来自三国时期,孙氏政权先在晋江设东安县(后改南安),在今漳浦以南设绥安县。六朝之后移民大量增加,唐代已有大量移民进入该地区。隋中叶时全福建不过1.5万户左右,到唐开元时仅泉州就有人口5万多户,潮州有人口9万多户,足见隋唐之际有大量移民进入该区。据历史记载,唐总章二年(669),河南固始人陈政、陈元光父子从潮汕带兵入闽平定畲乱,后留下五十八姓兵壮入籍漳州,是外省人进入该地区最多的一次。

(二)莆仙区

包括今莆田市所属区、县。唐代莆田、仙游两县归泉州府管辖,到北宋时才分置兴化军。在三国时已有先民经海路进入该区,定居于木兰溪流域。北宋以来木兰溪流域始终自成一个二级政区,宋为兴化军,元为兴化路,明清为兴化府。

(三)闽东区

以福州为中心,包括今福州市、宁德市所属县市。该区是福建最早置县之处,汉代在闽江口置冶县(又称东冶、侯官),有汉人经海路到此。据《后汉书·郑弘传》记载,东冶(今福州)是岭南与北方海路交通的重要中途港口。三国以后,江淮移民大量在此定居,分置若干新县,唐代以之为中心置福州。

（四）闽北区

该区为西晋政区的建安郡范围，包括今南平市所属诸县市。这是福建最早开发的地区。从陆路移入福建的汉人最迟在东汉末年已越过仙霞岭，经浦城、崇安一带，进入建溪流域。然后顺流而下，移居到建瓯、建阳、南平等处，随后又散布到整个建溪流域。福建省地名的“福”、“建”二字取自福州和建州，可见当时建州地位和福州同等重要。

（五）闽中区

包括今三明市、永安市、沙县三地。从建溪南下的人有些走得更远，溯沙溪到达沙县、永安一带。闽中区本来只有一个沙县，地盘大、人口少。在明代分置永安县，沙溪上游才有了进一步开发。

（六）台湾区

包括今台湾岛、澎湖列岛以及散布于太平洋上的小岛，如绿岛和钓鱼岛等岛屿。由于明清时来自闽、粤的大量移民改变了原有的居民成分，台湾方言以闽南话为主，客家话为辅。

第二节　闽台民居建筑的分类

一、研究民居建筑分类的原因

传统民居的形成和行政区域、地区经济与文化、民族学、民俗学、建筑学、历史学等诸多方面有关系，并受其制约。从建筑个体来看，又存在着材料、构造、形态、规模、施工方式、平面形式、墙体、屋顶等差异。

刘敦桢在《中国住宅概说》中，将明清时期的中国住宅分为九类：圆形住宅，横长方形住宅，三合院住宅，三合院及四合院混合式住宅，窑洞式住宅，纵长方形住宅，曲屋住宅，四合院住宅，环形住宅。显然，刘先生是按民居的外观形状来划分的。目前流行的中国民居分类法基本上是按各省的行政区域划分的。如近年中国建筑工业出版社出版的《浙江民居》、《云南民居》、《吉林民居》、《福建民居》、《广东民居》、《新疆民居》、《陕西民居》、《四川民居》等民居专著；邮电部也发行了一套“中国民居”邮票，广为流传。严格地说，这样划分虽然简单，但不够准确。例如，用这种方式分类就无法解释闽南民居（尤其是诏安一带）与潮汕民居的差别,闽东民居与浙南民居的差异,更无法区别闽北武夷山民居与赣东北民居的不同。因为那里的住民本来就有着相同的源流、风俗和语言,硬将他们分开是不可能的。

按中国各民族来划分民居类型仍然不准确。如白族和纳西族是两个渊源、文化不同的民族,由于地域相近却同时共有"三坊一照壁"、"四合五天井"的民居模式;同是汉人,从四合院、吊脚楼到窑洞各种形式均有;同一种干栏式木楼却为侗、壮、苗、瑶、傣等民族所拥有。相对于全国其他省份,福建的民族比较少,汉族占全省人口的 98.5%,余下的 1.5% 的少数民族有畲族、回族、满族、高山族等。除了畲族人口多一些,尚保存自己的风俗、语言、服饰和建筑文化,其余民族已基本被汉化。在福建采用民族分类意义不大。

因此,必须呼唤一种凌架于行政区域、民族类型之上的,包容人们的文化源流、生活方式、民族信仰、居住空间模式的全新的中国传统民居分类方式的出现。

从迄今为止的阶段性研究成果来看,福建民居分类状态同样不容乐观。

目前福建民居的分类基本上是按固有行政区域划分。中国建筑工业出版社 1987 年出版的高轸明等人合著的《福建民居》就是沿用这种分类法。在内部划分上,却只从福建民居的群体组合、建筑布局、空间处理、结构、外部造型、装饰装修等方面来谈。但若不从民系、语言、人种迁移、宗教习俗以及当地特定的交通往来习惯来论述福建民居,就犹如隔靴搔痒,总是谈不到点子上。也许在中国北方的大平原上用这种方式划分民居类别行得通,但是在南方尤其是在福建省这种溪流纵横、丘陵密布的自然环境和人口纷杂、语言众多的地方,显然就力不从心了。

厦门鹭江出版社 1994 年出版的黄汉民著的《福建传统民居》大型画册,将福建传统民居分为六类:土楼民居（闽西）,土楼民居（闽南）,土堡民居,红砖民居（福清、莆田）,红砖民居（闽南）,灰砖民居。这样分类比较形象地从文化、源流、地域等方面归纳了福建民居的现状,在民居的分类法上有了较大的突破。但有些地方还可商榷。如红砖民居中将莆仙、福清归在一类。莆田、仙游是一个比较特殊的地区。莆仙人团结、坚忍,保持着独有的语言、风俗和宗法观念,被称为"福建的吉普赛人",建筑形式别具一格。福清一带属闽东语系,文化、语言、风俗习惯显然与莆田、仙游不同。只因地缘、装饰手法相近就归于一类,是否适合? 再如灰砖民居,范围涵盖了闽东、闽北、闽中和闽西的大部分地区,区域是否宽了?

我曾在《福建传统民居的地方特色与形成文脉》(华南理工大学出版社1995年版,宣读于1993年8月在广州召开的"中国传统民居国际学术研讨会")一文中,结合多年的调查研究成果,将福建民居分为八类:闽南生土楼、闽南民居、莆仙民居、福州民居、闽北民居、闽东民居、山区木楼居、侨乡民居。近年来,随着调查范围的增加,眼界思路的扩大,反思这八类划分法还有不够确切、严密之处。因此诱发了重新探索福建民居分类法的念头。

本书在研究分析了闽海系形成过程中受到的语言条件、外界条件、自然条件等影响的基础上,提出了一个从语言—民系—民居类型的演变模式。即民系的划分是以语言来确定的,而语言又是区分民居类型的依据。之所以形成这样的认识,主要依据有三点:一是地域因素。福建地形复杂,交通不便,人们的交往多限于同一河流或港口,而交流必须借助于相同的语言和生活习惯,同一支系具有以上特点。二是行政区域。福建省的政区自宋以来相对比较稳定,保持相对的独立。政区的稳定和独立促成了政区内部语言的交流,也造成了不同政区语言的隔阂。三是交通因素。在民居调查过程中,我们发现,往往一座山就可造成语言的隔阂。语言的隔阂限制了文化技术的交流和发展,也影响到建筑风格的交融,民居的形式与类型也截然不同。这一点,讲莆仙话的属于莆仙支系的仙游民居与讲闽南话的属于闽南支系的惠安民居对比特色最为鲜明。所以联系历史政区、方言民系、自然地理来分析民居建筑的地域性现象,区分民居建筑的类型是可以得到合理的解释的。

二、闽海系民居建筑分类

福建的大规模开发始于两晋,止于两宋,时空前后跨越千年。不同时期的汉人南迁,带来了中原不同时期的汉语言,在不同定居地与当地土语相融合,形成了福建三大方言群、十六种地方话和二十八种地方音。不同时期的汉人南下,还带来了中原不同时期的建筑形式和风格,对闽海系民居形式、风格的形成影响较大。同时,由于北方移民的迁移时间、路线、定居点各不相同,历史上长期交通不便,各地域之间交往甚少。纷杂的地方方言与各自文化传统的差异造成文化交流的隔阂,制约了建筑形式的交流和发展,形成了今日闽海系的传统民居类型众多、风格各异的基础。

根据方言分布、地域文化、自然地理条件的不同,闽海系民居分为六大区域:闽南民居、闽东民居、莆仙民居、闽北民居、闽中民居和台湾民居。

(一)闽南民居

东晋时期,南北分立,北方汉人大批南下。汉人南迁加速了闽南的发展,"晋江"的得名与晋安郡的分立说明了这次移民的人数不可能太少。南朝时陈在闽南首置南安郡后不久,又分置莆田县。唐初垂拱二年(686)又自泉州分出漳州,析龙溪县置漳浦。圣历二年(699)析莆田置仙游,开元六年(718)析南安立晋江,天宝元年(742)又析龙溪县置龙岩。

唐总章二年,陈政、陈元光父子统率府兵入闽平定畲乱,拓地千里,因请置州。武后垂拱二年置漳州,陈元光任首任漳州刺史。陈氏四代守漳,历百年之久,随陈政戍闽的五十八姓军校先后落籍漳州,成为今日大部分漳州人的祖先。他们在沿海围垦煮盐、捕鱼撒网,在平原和山区开荒种粮、烧窑采矿。优越的自然条件和安定的局势,使得漳泉两州人口猛增。到了中唐,不管是久居的土著还是新来的移民,不管是老泉州还是新漳州,大家都和平相处,十分融洽。闽南方言由此产生和定型。

闽南民居分布在唐代的泉州、漳州,明清的泉、漳二府和永春、龙岩二州。南北两片分别分布在晋江流域和九龙江流域。以方言来区别,正好是以明清泉州、漳州两府城的语音为两种代表口音,原龙岩州二县由于受客方言影响成为西片口音,后起的厦门市则集南北片的特点成为全区的代表方言。闽南民居因此也分为四小片。

北片:为晋江流域大部分县市,具体为泉州、晋江、石狮、惠安、安溪、德化、永春、南安、大田、尤溪(南部)等县市。

南片:为九龙江流域的部分县市,具体为漳州、龙海、长泰、华安、南靖、平和、漳浦、云霄、诏安、东山等县市及广东省潮汕地区。

西片:为新罗、漳平两区市。

东片:为厦门、同安、金门等县市。

(二)闽东民居

从唐末到五代的一百多年间战乱不断,中华大地满目疮痍不得安宁,唯独闽中五州安静了数十年,相对得到休养生息。王潮、王审知兄弟据闽期间,采取保境安民政策,兴修水利,奖励工商,开辟港口,发展贸易,安抚文人学士,故闽地兴盛。《旧五代史·王审知传》说:"审知起自陇亩,以至富贵,每以节俭自处,选任良吏,省刑惜费,轻徭薄敛,与民休息。三十年间,一境晏然。"[1]王氏兄弟在闽发迹之后又有许多中州老乡来投靠依附。罗香林在《客家研究导论》中说:"颍淮汝三水间留余未徙的东晋遗民,是亦渡江南下,至汀漳依王潮兄弟。"[2]王氏执政期间,将乐、延平升为镛州、镡州,并增设了闽清、罗源、永春、宁德、顺昌、同安六县。这次移民时间短、数量大,主要定居地在福州一带。闽东方言就形成于该时期。

闽东腹地开发较迟。两宋时期才有长溪、宁德、福安三县,元至元二十三年(1286)置福宁州,清雍正十二年(1734)置福宁府。福宁府的方言原与省城福州是一致的,分设州府后一直与福州来往较多,两个府的方言异中有同,同属闽东方言区。

闽东民居分布在唐代的福州,宋代的福州、福宁州,明清的福州、福宁二府。大体按这两个府分为南北两片,南片以福州音为代表,北片以福安音为代表。

南片:以闽江下游流域的福州市为主的大部分县市,具体为:福州、闽侯、长乐、福清、永泰、连江、平潭、罗源、闽清、古田十个县市。

北片:以交溪流域为主的宁德市部分县市,具体为:福安、福鼎、柘荣、宁德、霞浦、周宁、寿宁、屏南八个县市。

(三)莆仙民居

莆、仙二县本属泉州。南朝陈在闽南首置南安郡后不久,又分置莆田县。唐武后圣历二年(699)析莆田置仙游县。北宋太平兴国四年(979)又析莆田县地置兴化县,并设立太平军,不久改称兴化军,辖莆田、仙游、兴化三县。因此自宋代起,莆仙区行政管辖就脱离了泉州。宋代的兴化军、元代的兴化路、明清的兴化府,均与泉州无关,经济上自成一体,地理上更接近省城福州,与福州的交往更多。莆仙话原本与泉州方言同类,后受到福州闽东方言的影响,发生变异,逐渐演变成为一种福州方言、泉州方言混合变种的莆仙方言。

---

[1] 《二十五史·旧五代史·王审知传》,第 5047 页。
[2] 罗香林:《客家研究导论》,台北:古亭书店 1975 年版,第 46 页。

莆仙民居分布在宋代的兴化军、明清的兴化府,全境为木兰溪、萩芦溪流域。根据口音不同可分为东西两片:东片为莆田、涵江、秀屿,西片为仙游。

(四)闽北民居

闽北是闽地最早接受入闽汉人的地方。继东吴开发闽北之后,中原汉人的入闽是南朝梁侯景之乱(548～552)后自江浙等地继续南下的。罗香林说:"仕宦的人家,多避难大江南北,当时号曰'渡江',又曰'衣冠避难',而一般平民则多成群奔窜。""青徐诸州流人,则多集于今日江苏南部,旋复沿太湖流域徙于今日浙江及福建的北部。"[①] 南渡北人辗转入闽的主要定居点是闽北,也有部分人辗转到了闽江下游、木兰溪流域和晋江流域等闽东南沿海山区。当时闽北极盛,占有全闽一半县份和一半人口。闽北方言是福建境内最早形成和流通的方言。

闽北民居主要分布在唐代的建州、明清的建宁府,全域是闽江上游的三条重要河流建溪、金溪和富屯溪流域,以建瓯为代表。分为东、中、西三片。

东片为建溪上源南浦溪流域的建瓯、松溪、政和、延平、顺昌,以建瓯为代表。

中片为建溪另一上源崇阳溪流域的建阳、武夷山、浦城(南部),以武夷山为代表。

西片为闽江的另两条上源金溪和富屯溪流域的邵武、光泽、泰宁、将乐,以邵武为代表。

而浦城中部和北部属于吴方言区,划入越海系民居建筑,不在我们讨论的范围。

(五)闽中民居

唐以前,福建的县份和人口都集中在闽北,最早形成的闽北方言应包括闽江上游的各支流(建溪、富屯溪、金溪、沙溪等)广大地区,这种情况一直维持到两宋时期。两宋时期,闽北的经济、文化得到极大的发展,由于人口激增,从建州分出了南剑州和邵武军。南宋以后,由于范汝为农民起义,闽北人口锐减,吴人逐渐移居浦城,赣人大量移居邵武、将乐一带。于是浦城北部蜕变为吴语区,富屯溪和金溪流域的邵武府蜕变为赣语区,将乐和顺昌的富屯

---

① 罗香林:《客家研究导论》,台北:古亭书店 1975 年版,第 47 页。

溪以西成为客、赣语混杂型方言区。沙溪流域本来只有一个沙县,到明代才设置永安县,近代才设置三明市,是福建最迟定型的方言区。它的东边是闽东方言区,西边是客家方言区,南边是闽南方言区。现在的沙县、三明、永安一带,由于特殊的地理环境和自然条件,逐渐脱离闽北中心区,又与当地土著居民相融合,所说的语言也逐渐与闽北方言分手,从而分化成闽中方言。永安、沙县为南北两种不同口音的代表。

闽中民居主要分布在宋代的南剑州、明清的延平府,全域以闽江另一支流沙溪为流域。根据其地域又分为南北两片:南片为永安市,三明市列东、列西、三元;北片为沙县和尤溪(北部)。

(六)台湾民居

台湾民居主要分布在台湾岛、澎湖列岛、台湾岛周边的一些小岛以及福建省的金门岛、马祖岛。按地域分布可分为:台北、基隆及其周边地区为北片,台中及其周边地区为中片,台南、高雄及其周边地区为南片,台东、花莲等东部地区为东片,澎湖、金门、马祖等地为零星片区。

闽海系民居除上述六大区域的民居之外,还包括广东潮汕民居。广东省潮汕地区的语言、习俗与闽南区相同,民居建筑型制和建筑风格也与闽南民居相似。

三、客家系民居

闽西民居分布在唐代的汀州、明清的汀州府。可分成三片:北片为沙溪上源的建宁、宁化、清流、明溪诸县,以客家祖籍地宁化为代表;中片为长汀、上杭、连城、武平诸县,以原汀州府的长汀为代表;南片为永定和闽南的平和、南靖、诏安等县部分,以永定为代表。

总结上文,将闽台民居建筑分布列表如下(表1-4):

表 1-4 闽台民居建筑的分类与分布

类别	各支系民居	语言特征	民居片	分布市（县、区）
闽海系民居	闽南民居	闽南话	东片（厦门片）	厦门
			北片（泉州片）	泉州、泉港、晋江、石狮、惠安、永春、德化、安溪、南安、大田、尤溪（南部）
			南片（漳州片）	漳州、龙海、长泰、华安、南靖、平和、漳浦、云霄、东山、诏安
			西片（龙岩片）	新罗、漳平
	莆仙民居	莆仙话	东片（莆田片）	莆田、涵江、秀屿
			西片（仙游片）	仙游
	闽东民居	闽东话	南片（福州片）	福州、闽侯、长乐、福清、平潭、永泰、闽清、连江、罗源、古田、尤溪（东部）
			北片（福安片）	福安、宁德、周宁、寿宁、柘荣、霞浦、福鼎、屏南
	闽中民居	闽中话	南片（永安片）	永安、三元、列东、列西
			北片（沙县片）	沙县、尤溪（北部）
	闽北民居	闽北话	东片（建瓯片）	建瓯、松溪、政和、延平、顺昌
			中片（武夷山片）	建阳、武夷山、浦城（南部）
			西片（邵武片）	邵武、光泽、泰宁、将乐
	台湾民居	闽南话	北片（台北片）	台北、基隆、宜兰、桃园、新竹、苗栗
			中片（台中片）	台中、南投、彰化、云林、嘉义
			南片（台南片）	台南、高雄、屏东
			东片（台东片）	台东、花莲
			零星片	澎湖、金门、马祖、兰屿、绿岛
客家系民居	客家民居	客家话	北片（宁化片）	建宁、宁化、清流、明溪
			中片（长汀片）	长汀、上杭、连城、武平
			南片（永定片）	永定、平和（西部）、南靖（西部）、诏安（北部）

第三节　闽海系各区建筑文化与特色

　　闽海系的居民大多数是北方移民的后裔,在长达千年的迁移时间里定居在不同的地域,与当地土民融合,形成了独特的地域文化。

　　罗常培认为:"一时代的客观社会生活,决定了那时代的语言内容;也可以说,语言的内容足以反映出某一时代社会生活的各面影响。社会的现象,由经济生活到全部社会意识都沉淀在语言里面。"①战乱将中原汉人推到了八闽大地上。在复杂的地形条件下,人们随遇而安,适应高山、平原、丘陵、海岛等不同的环境,走出一条生存繁衍的路。于是每个方言区便有了自己相应的生产门路、劳动工具和经营方式,有了与之相适应的聚落、居处、饮食、服饰、交往等生活方式和各地区独有的观念与习俗。久而久之,不同的方言区逐渐产生了不同的地域文化。

　　当然,闽海系各区建筑特色的产生并不止语言一个因素,还与人文条件、自然条件密切相关。"人文条件包括生产、生活、习俗、信仰、审美观念等内容,自然条件包括地理、地貌、气候、材料等因素。可以说,在满足生产、生活、习俗、信仰的前提下,充分考虑气候、地理、材料等自然条件是传统民居类型的主要因素。其中,人文条件是决定传统民居特点的主要因素,而自然条件则是决定传统民居地域差别的主要因素。"②

一、闽南区建筑文化与特色

　　闽南的真正发展是在宋元时代。两宋时期,北方纷争战火不断,南方却相对平安。尤其是南宋偏安之后,商贸经济的中心移至福建,闽南经济有了较大发展,人口猛增。人多地少,促使了闽南人从海上向外发展。福建东临大海,深水良港星罗棋布,海岸线占全国五分之一。早在南朝时代,就与海外有联系。宋元时泉州一跃成为国际贸易大港,被称为"涨海声中万国商",与36

个岛国有贸易关系。据《元史》载，当时泉州港有海舶 15000 艘，船运和营商规模不但超过广州成为全国最大港口，而且成了世界大港。许多阿拉伯人在此通商、定居，建造清真寺，今日泉州的蒲、丁、郭姓均是阿拉伯人的后裔。同时，也有不少闽人定居海外，如日本、朝鲜、东南亚诸国。明末清初，泉州港衰落，漳州月港（今龙海市海澄镇）兴起，又掀起一轮出海热潮，大量闽南人出海谋生。明代统治者厉行海禁，但月港依然帆樯如林，客商云集，成为当时全国最大的走私港。据清初漳州人张燮《东西洋考》（十三卷）所述，当时月港私造的双桅大船"大者广可三丈五六尺，长十余丈，小者广二丈，长约七八丈"。由于统治者实行海禁、迁界，月港终于衰歇，但 19 世纪中叶"五口通商"后，新兴城市厦门港开始兴旺。海上交通的发展促进了中外文化的交流，他国文化风俗民情与当地文化融合、渗透在一起，使闽南民居明显地刻上海洋文化的痕迹，中西合璧成了闽南民居的一大特点。如泉州一带民居，用红砖砌成多种图案，创造出绚丽多彩的红砖文化，这与古代伊斯兰建筑手法相通。闽南一带大量的中西合璧建筑的存在，证实了海洋文化的深层影响。

闽南民居从地域上可分为泉州、漳州两大匠派。其平面格局都是以"三合天井"型或"四合中庭"型为核心，向纵、横或纵横结合发展起来的，在城镇人口密集地区还演变出"竹筒屋"的特殊形式。建筑的外部材料以红砖、白石为多，内部材料以木构架为主。民居建筑中精巧的雕饰、丰富生动的屋面形式、墙体砌筑形式等也很有特色。

二、莆仙区建筑文化与特色

自宋以来木兰溪流域始终自成为一个二级政区。北宋嘉祐、治平年间，先后在萩芦溪和木兰溪修起了大规模水利工程，如南安陂、木兰陂。近出海口又开了许多小沟渠，形成了河网地带。从此年年丰收，水稻一年两熟，荔枝闻名全国。东部沿海和南日岛、湄洲岛周围，又拥有三百多海里的渔场与盐场。由于经济发展，带动文教大兴，人口剧增。莆仙素称"海滨邹鲁"、"文献名邦"，宋代三百年间出过 990 个进士、5 个状元、6 个宰相。蔡襄、刘克庄、郑樵等都是有全国影响的大家，致仕为官一方，同时又兼诗人和学者。妈祖文化流传五大洲。科举文化在莆仙之发达世所罕见，历代世家名宦辈出，人才济济，衣锦还乡、光宗耀祖是他们的追求。莆仙受中原京城居住文化影响至深，并体现在传统民居中。

莆仙民居处于闽南民居与闽东民居的交叉点，民居建筑带有两者的特点，既保持了泉州民居注重外部装饰的优点，又带有福州官家大宅的气派和威严，形成自己独有的风格。县城人口密集地方，不乏深宅大院，多是纵向多进式合院布局，具有官式建筑的气派。山区广大乡村民居建筑，虽然进深不深，但是面宽很大。在建筑外观装饰上，竭力追求规模气派以及炫耀攀比，建筑细部花哨堆砌，做工复杂。在外墙的"砖石间砌"上，既富有美感，又经济实用。

三、闽东区建筑文化与特色

闽东区范围较大，涵盖福州、宁德两大地区。经过唐和五代三百余年的发展，闽江下游已经成了以福州为中心的发达地区。福州是一座历史文化名城。从晋太康三年（282）晋安太守严高在福州筑城算起，福州城已有一千七百多年历史，成为统领全闽的大都会也已近一千五百年。到闽国（909～945）时期，福州所辖县份有 12 个：闽县、侯官、长乐、福唐（今福清）、连江、永泰、古田、尤溪、宁德、罗源、闽清、长溪（今霞浦）。除长溪、宁德在闽东沿海属交溪流域外，其余都在闽江下游。这个范围，便是现在人们所说的"十邑"。这"十邑"地处闽江下游两岸，人口密集，交通便利，又占有省城之利，历来是全闽政治文化中心。福州马尾港又是福建北半部出海口，闽北、闽中山货沿江而下，海外洋货从此入口，使闽东区成了经济中心。地处全省政治、文化、经济中心，闽江口一带的人受到民族文化熏陶较深，见识政治风云的机会也较多，因而数百年间涌现了不少政治家、军事家和文学家。如入宋以来的陈襄、许将、黄干，明清以来的叶向高、张经、陈第、陈若霖、林则徐、沈葆桢、陈宝琛，近代的黄乃裳、林森、萨镇冰、严复、林纾，及现代的郑振铎、高士其、谢冰心、邓拓等人，都是具有全国影响的人物。

作为省会城市，又有闽江下游富饶肥沃的土地资源，加之悠久的传统文化底蕴，使闽东民居具有鲜明的江城文化特色。历代不乏达官贵人在此建宅立业，民居建筑有较浓的文化氛围，工艺水平较高，民居类型也较多。纵向组合的多天井式布局是福州民居常见的布局形式，多变的风火山墙是闽东民居最为突出的外部特征。其中风火山墙的曲线多变最为突出，山墙的轮廓或圆或方,似鹤似云,错落有致,显得活泼、流畅、自然。连片纵向多进式的合院民居如"三坊七巷"布局有方,设计合理,具有高超的工艺水平。民居内部装修上,制作精良,雕刻生动,构图活泼,变化丰富,因而极富审美价值。墙体材料采用城市瓦砾土或"金包银"处理,可谓匠心独具。

四、闽北区建筑文化与特色

闽北区原是福建开发最早的地区。最迟在东汉已有汉人从浙江和江西越过仙霞岭、武夷山进入福建,在闽江支流上游各流域设县,组成建安郡。到了宋代,闽北鼎盛,经济繁荣,文化发达,人才辈出。仅宋代的建安一县(今建瓯县)就出过进士994人,占全省进士7607人的近1/7。又如浦城章氏一门,北宋一百多年间出了1名状元,23名进士。南宋朱熹在闽北讲学数十年,他热心教育,门徒众多,使闽北成为理学中心。杨时、柳永、严羽、宋慈、真德秀、李纲等名臣大家相继而出。麻沙成为全国出版中心,"建瓷"、"建茶"驰名四海,铜银冶炼在全国举足轻重。北宋是闽北经济文化发展的鼎盛时期。当时闽北书院如林,学者如云。后因明清开发沿海,重心南移,闽北相对落伍。闽北盛产木材,尤其是杉木,所以民居至今沿用木作穿斗木结构,吊脚楼和大出檐瓦屋面。木材表面不施油漆,显得朴实、简洁、轻巧、实用。在大型多进合院式民居中,常设有书院或读书厅,体现了理学之邦的书院文化的延伸。

闽北东片民居建筑以南平为中心,其建筑形式丰富多彩,有合院式民居、干栏式民居、天井式民居、虚脚楼民居等。闽北西片建筑以武夷山为中心,这里是朱熹讲学、著述之地,书院文化发达。闽北民居平面多为"天井式"布局,内木构承重和外砖、生土墙体结合。山区的民居多为两层的"高脚厝"干栏式建筑,达官贵人则盖"三进九栋"式的青砖大瓦房。闽北民居建筑的成功经验是:村落布局有详细的立意追求,规划水平甚高;丰富多彩、错落有致的马头墙;工艺精湛的砖雕艺术;厚重朴实的生土夯筑墙体等,体现了闽北民居深厚的文化底蕴。

五、闽中区建筑文化与特色

闽中移民大部分是闽北移民的分支,只是他们从浙江、江西过来之后走得更远,到达闽江上游沙溪流域。闽中区的地理和气候决定了该地区的特点:青山长绿,植被多样,极少干旱,宜于农耕。但由于谷地狭窄,水陆交通不够畅通,与外地交往历来较为困难,养成了人们知足常乐,眷念故土,安土重迁,"父母在,不远游"的小农经济思想。特殊的社会环境和地理环境,也使闽中区逐步形成了今日的独立文化现象。闽中人独处山区,自成一体,热爱家乡,淡泊名利。体现在民居的风格上,形成了外观纯朴、不求奢华、讲求实用的山林文化气质。

闽中区地处福建腹地,南面为闽南地区,东面为闽东地区,北面为闽北地区,西面为客赣混杂地区,东西南北各种文化成分混合交融。加上闽中是福建开发最晚的地区,外地移民众多,移民带来了各自原住处的建筑文化,因此闽中民居呈现出多元建筑文化现象。传统民居建筑的主要类型有"一明两暗"、"三合天井"、"土堡围屋"和"连排屋"等。"土堡围屋"由四周极其厚实的夯石生土的"城堡"环绕着中心合院式民居组合而成,是闽中民居的一种独特形式。因地处林区,木材在民居建筑中得到广泛使用。

六、台湾区建筑文化与特色

经过三次大的大陆移民浪潮,中国几千年积累的农耕文化渐渐传入台湾。特别是自明末清初郑成功入台以来,汉人移居增多,带进祖国大陆原住地的闽、粤建筑文化与形式,因此台湾民居建筑既有原住民的古老传统,又受到汉传统建筑文化的影响。台湾的许多深宅大院完全模仿漳、泉民居和粤东民居,而且民居大宅的建筑材料都是从闽、粤运送来的,工匠也从祖国大陆聘请,因此上流社会宅第与闽南、粤东民居基本相同。

台湾各地的民居建筑,不但反映出地理气候的差异,也反映出各籍移民的文化差异。台湾北部多雨潮湿,民居多用砖石构造,屋顶坡度较陡,也较厚重。而南部炎热干燥,民居多用竹木构造,屋顶出檐较深,屋顶坡度较平缓。台湾中部及南部靠山地区,因竹、木等材料易得,当地山区民居建筑多采用穿斗式构造,有时整座房子都用竹子建造,屋瓦也以剖开的半圆竹管构成,类似粤东潮汕地区的"竹寮"。为防山区大雨,其出檐极深,以保护编竹夹泥墙。在台湾北部的大屯火山群地带,盛产安山岩,质地坚固,色泽呈青灰色。当地居民在山腰上建屋,利用山上的石材砌筑墙体,可以防盗、防潮和防风。20世纪初,由于日本人占领台湾,台湾与漳、泉的交流关系逐渐疏远,台湾本地匠师的数量有了较大发展。这些匠师中有的也受到日本建筑的影响,例如有些台湾匠师擅长建木板"通铺"及壁橱,设计上在住宅入口设"玄关",这些都是日本传统木构住宅的特色。

第二章　自然条件对闽台
民居建筑的影响

　　一个地区建筑文化的形成是固有地方历史文化的沉积和自然地理环境相互影响、作用的结果,因此地理条件、气候条件和地方建筑材料对闽台民居建筑的形成影响极大。多山、多水、交通不便的地理环境,是造成闽台文化、语言、风俗、建筑风格独特的原因之一。闽台民居建筑主要按夏季气候条件设计,在遮阳防晒、通风、排水、防潮、防台风等方面有其独到之处。传统民居建筑以杉木为主要建筑材料,以夯土墙和砖墙为主要墙体材料,在石材、红砖的应用等方面也颇有特色。

第一节　地理条件与闽台民居建筑

　　福建地处我国东南沿海,北邻浙江省,西接江西省,南连广东省,东濒东海,隔台湾海峡与台湾省相望,两省最近处相距仅 135 公里。

　　福建是全国面积较小的省份之一。全省土地面积 12.14 万平方公里。陆地面积,山地占 53.38%,丘陵占 29.01%,两者合计为 82.39%,其余为水面和平原。所以,福建在我国大陆东部地区和沿海各省中素有"东南山国"和"八山一水一分田"之称。

　　福建境内有两列北北东或北东走向的山脉。一列为武夷山脉,位于福建西部与江西交界处,绵延达 530 公里,海拔 700～1500 米。武夷山市西南的黄岗山,海拔 2158 米,是武夷山最高峰,也是我国大陆东南的最高峰,是闽江水系、汀江水系与鄱阳湖水系的天然分水岭。浙江省西南部的仙霞岭与武夷山相衔接,其支脉向东南伸入浦城一带,成为闽、浙两省水系的分水岭。在武夷山和仙霞岭支脉中,有许多与山脉直交或斜交的垭口,以"关"、"隘"、"口"命名,是闽赣和闽浙间交通孔道和军事要冲。著名的有浦城的枫岭关,崇安(今武夷山市)的分水关和桐木关,光泽的铁牛关和杉关,邵武的黄土关,建宁的甘家隘,宁化的姑岭隘,长汀的古城口以及武平的黄土隘。另一列山脉为鹫峰山—戴云山—博平岭。它斜贯福建中部,长约550余公里。闽江以北是鹫峰山,海拔700～1000米,长约100公里,向东北延伸与浙江的洞宫山脉、括苍山脉连接。闽江与九龙江之间是戴云山脉,海拔700～1500米,长约300公里,是本列山脉的主体部分,主峰戴云山在德化县境内,海拔1856米。九龙江以南是博平岭,它北起漳平,向西南延伸入广东省境内,海拔700～1500米,在福建境内长约100公里。这一列山脉是福建境内一些河流的发源地,如闽江大樟溪、晋江、交溪、木兰溪、九龙江西溪等。

福建省境内的溪流大多"短而壮"且纵横交错,较大的河流有闽江、九龙江、汀江、晋江、木兰溪、交溪、霍童溪等。这些水系多自成一体。除交溪发源于浙江入海于福建,汀江发源于福建入海于广东外,绝大部分河流都是发源于福建并在本省入海。这就决定了福建的河流流域面积不大,流程较短,水流湍急的特点。在这些河口多形成平原地貌,比较出名的有九龙江口的漳州平原、晋江口的泉州平原、木兰溪口的莆仙平原和闽江出海口的福州平原。福建山脉、河流这些独有特点,决定了人们交流来往多限于河谷、平原地带,地区之间交往甚少。这是福建省文化、语言、风俗、建筑风格独特的原因之一。因此,福建各地民居建筑,多因地制宜,自成一统,建筑类型多样,地区差别十分显著。

福建省的海岸线曲折,多深水良港。海岸线直线距离仅535公里,而实际长度达3324公里,曲率达1∶6.2,居全国之冠。港湾较多,较大的港湾有22个,最大的是兴化湾、三都澳。福州的马尾港、泉州的后渚港、漳州的月港、厦门港是四大古港。福州港早在汉代就与越南通航。泉州港在三国、西晋时也有海船往来,唐时外商云集,有"市井十洲人"之称。元代泉州港成为世界最大商港,与埃及的亚历山大港齐名,海运遍及亚洲各国,远及东非海岸、土耳其乃至欧洲一些港口。明代漳州也成为商港。清初,厦门以它优越的港口条件,取代漳、泉二港,成为闽南最大港口。1842 年鸦片战争以后,福州、厦门成为"五口通商"的口岸。国际贸易、外商定居福建和闽籍华侨回归故里,成为促进福建民居繁荣的重要力量。中西合璧的民居建筑,既保持了当地传统建筑的布局形式,在细部装饰方面又增添了外国民居建筑的某些特色,形成独具风格的建筑类型。

　　台湾位于我国大陆架东南缘的海上。由台湾岛、澎湖列岛、钓鱼岛、赤尾屿、兰屿、火烧岛等岛屿组成,共有大小岛屿 86 个,被称为"多岛之省"。台湾面积 3.6 万平方公里。其中台湾岛南北长 394 公里,东西最宽 144 公里,环岛周长 1139 公里。东部和中部大多是高山和丘陵,山地约占总面积的三分之二。中央山脉、雪山山脉、玉山山脉、阿里山脉和台东山脉像五条巨龙蜿蜒起伏,自东北至西南平行伏卧在台湾岛上,统称台湾山脉。山岳高峻雄伟,高度在海拔 3500 米以上的山峰有 50 多座。玉山是台湾岛第一高峰,也是我国东南沿海的最高峰,海拔为 3997 米。台湾山脉向东西两侧倾斜,在西部形成较为宽阔的平地,多为平原、盆地和丘陵。平原约占全岛面积的三分之一,主要有四处:台南平原、屏东平原、宜兰平原和台东纵谷平原。盆地主要有三处:台北盆地、台中盆地和埔里盆地群。在东部则几乎是与海面垂直的断崖,平原相当狭小。所以一般把台湾山脉的西缘称为前山,把台湾山脉东侧的狭小平原称为后山或山后。不大的台湾岛有如此高大的山脉,其地形的陡峭可想而知。由此造成的各地河流成网,河流短促而急湍。河口港湾众多,成为台湾地理的一大景观,如鸡笼(基隆)、红毛港(淡水)、鹿港、北港(笨港)、安平、打狗(高雄)、东港等都是著名的港口,也是早期闽粤移民的落脚点。

　　闽台民居建筑渊源密切,下面的地理区域表可以在我们讨论建筑与移民聚落的发展上提供帮助。(表 2-1)

表 2-1　台湾建筑与移民聚落发展的地理区域表

序号	地理区域	包含的地区	建筑材料特征	移民原籍
1	宜南三角区	宜南平原	砖作	漳州人
2	北部石作建筑区	基隆丘陵	石作	漳州人、安溪人
3	北部多雨区及台北盆地	林口台地及大屯山群	砖作、石作	三邑人、同安人、安溪人、漳州人
4	北部客家区	竹东丘陵、苗栗丘陵、桃园冲积扇区	砖作、土作	嘉应州人、惠州人、潮州人
5	竹苗沿海区	新竹平原	砖作	三邑人、同安人
6	台中盆地土作建筑区	大肚山台地，集集、竹崎丘陵及八卦山台地	土作、砖作	漳州人、同安人、三邑人
7	鹿港区	大甲平原	砖作、土作	同安人、三邑人
8	盐田区	嘉南平原及浊水溪冲积扇区	砖作、竹作	三邑人、漳州人
9	台南区	嘉南平原	砖作、石作	泉州人
10	嘉南平原区	嘉南平原	砖作、土作	泉州人、漳州人
11	高雄区	高雄平原	砖作	三邑人、漳州人、安溪人
12	南部客家区	内门丘陵	砖作	嘉应州人、潮州人
13	南部石作建筑区	恒春半岛	石作	三邑人
14	澎湖石作建筑区	澎湖群岛	石作	同安人

资料来源：录自李乾朗《台湾建筑史》。

第二节　气候条件与闽台民居建筑

福建的气候条件受海洋影响较大。由于海洋的调节作用,气温的年较差与日较差远较同纬度的内陆小,年较差一般在 14℃～22℃之间,日较差一般在 8℃～10℃之间。冬季较温和,较少出现严寒和破坏性低温;夏季较凉爽,除内陆一些山间盆地外,很少出现酷暑。全省各地年平均气温在 17℃～22℃之间。最热月 7～8 月,月平均气温多在 28℃左右;最冷月 1～2 月,月平均气温多在 6℃～13℃之间。除闽西北地区和一些海拔较高山地外,各地全年霜日一般在 20 天以下。内陆地区绝大多数地方无霜期在 260～300 天之间,沿海地区无霜期在 300 天以上,闽东南地区几乎全年无霜。全省绝大部分地方最冷旬平均气温在 5℃以上,沿海地区多在 10℃以上。[①]

在这种夏季长、冬季短,没有严寒的气候条件下,福建民居建筑主要是按夏季气候条件设计的。为了组织通风,室内外空间多做成互相连通,门窗洞口开得较大,并且大多数厅堂及堂屋的屏风隔扇多做成可拆卸的。为了克服夏天因湿度大而带来的闷热,采取了避免太阳直晒和加强通风两个办法。房屋进深大,出檐深,广设外廊,使阳光不能直射室内,取得阴凉的室内效果。另外在房间的前后左右都设有小天井和“冷巷”,加速空气对流,使房间阴凉。再从建筑群体的布局上看,由于街巷狭窄,建筑密度大,太阳不能直射,也达到了遮阳防晒的效果。

福建由于靠近夏季风的源地,受台风影响大,时间长,程度较深,因而成为全国多雨省份之一。全省大部分地区年降水量在 1100～2000 毫米之间,逐月相对湿度一般在 75%～85%之间。从年内分配上看,降水主要集中在春季,3～6 月降水量占全年降水量 50%～60%;7～9 月由于多台风,降水量占全年降水量 20%～35%。为了排水,房屋做成坡顶,坡度 30 度左右。房屋出檐较深,楼房分层处设腰檐。围墙、风火山墙上部做瓦顶,在山墙的门窗洞口上设雨披等。这些都是保障房屋顺利排水和保证墙面不被雨淋的有效设施。

---

① 赵昭炳主编:《福建省地理》,福建人民出版社 1993 年版,第 42 页。

夏季空气湿度大,尤其在梅雨季节物品容易发霉腐烂,石头上面出现冷凝水,影响房间的使用。因此通常在建筑中采用卧室房间地面架空、住宅中设阁楼放置日用品和木柱底下设石柱础等方法来防潮。

福建省各地区风速差异较大。沿海一带年平均风速达每秒 5 米。个别地区因处于突出部位的孤立山地风速更大,如福鼎的福瑶岛海拔 508 米,年平均风速高达每秒 7.5 米。内陆盆地如三明、龙岩、南平地区年平均风速都在每秒 2 米以下。每年在夏秋之季常有台风侵袭,对建筑物危害极大。沿海地区为了抵抗风力侵袭,在迎风面民居多建单层,屋面不做出檐而为硬山压顶,为四坡屋面,瓦上用石头压牢或用筒瓦压顶,屋顶周边用蛎壳粘住。在建筑布局上迎合海风吹来方向,以疏导风的方向,并取得良好的通风效果。

台湾地跨北回归线,属亚热带和热带气候地区,全岛的气候特点是高温、多雨、多风。因受中央山脉地形影响,西部地区以大安溪为界,以北受东北季风影响较大,以南受西南季风影响较大。年平均气温在 22℃左右。台湾是我国东南沿海降水量最多的地区,平原地区年平均降雨量多在 2000 毫米以上,北端的基隆年平均降雨量达 2910 毫米,每年有 214 天下雨。台湾也是我国受台风影响最为严重的省份,每年夏季至秋季为台风季节。每逢台风侵袭时就带来暴雨,日降雨量多达 200 毫米。暴雨造成的洪灾和泥石流对人们生活危害极大。以上这些对台湾民居建筑的建造有极大的影响。这种气候条件与闽、粤两省沿海的气候条件极其相似,这也是闽粤民居建筑不经过大的修改就能够适应台湾地理气候条件的重要原因。

第三节　地方建筑材料与闽台民居建筑

一、木材

闽台地处亚热带地区,水热条件优越,土壤以红壤、黄壤为主,极有利于林木生产。福建省是全国六大林区之一。全省森林面积 500.34 万公顷,居全国第九位。森林覆盖率 43.18%,居全国第二,仅次于台湾的 57.8%。森林蓄积量 4.3 亿立方米,居全国第七。平均每人占有森林面积 2.93 亩和蓄积量 17.6

立方米,均高于全国平均水平。①

　　杉木是福建省亚热带针叶树的主要树种。杉木生长快,产量高,成材速度
快。因其树干直、重量轻,易于加工,结构性能好,木质中含有杉脑可防虫蛀,
还有较好的透气性,是理想的建筑材料,应用极为广泛。在传统民居中,不用
一钉一铁,只是支穿横榫,挑搭勾连,使木构的性能得到充分发挥。福建许多
民居都大量使用杉木,把它作为主要建材。如福建山区民居,至今仍沿用全
木结构吊脚楼和大出檐瓦屋面,具有轻巧、简洁、质朴的特色。又如,福州民
居中不仅柱子、屋架、椽条用杉原木,而且楼板、隔墙、屋面也用杉木板,且不
施油漆,完全清水,暴露木纹,使木材的本能得以充分表现。平时福州人爱光
脚或换鞋进屋,逢年过节,大家都把杉木地板、墙体、门窗隔扇洗刷得干干净
净,显得特别清爽。清水杉木面比任何油漆涂料都更实用、耐久,且无任何
污染,这正是福州人偏爱杉木的主要原因。以杉木为主要材料建造的民居
既创造出亲切温馨的居住环境,又表现出浓郁的乡土气息。其他如松、樟、
楠、竹等优秀森林资源,也为福建民居建筑提供了优良的建筑结构用材,得
到了广泛的使用。

　　台湾民居建筑所用的木材大都来自闽粤,尤以福州杉最受人们欢迎。福
州杉又称"油杉",产于闽江上游,采伐者把它砍下后编成木排顺流而下。其
长度可达数十米,为最好的栋梁和柱材。浙江温州出产一种"轻杉",也是好
的梁材。另外台湾常用的木材有防蛀的樟木、楠木、乌心石、山杉等,大多产
于大陆。清末及日本人占领时期,两岸往来渐少,台湾木材才逐渐取自本岛。
大陆改革开放后,两岸联系增多,大陆木材又逐渐恢复进入台湾。

二、泥土

　　闽台地区的土壤以红、黄壤为主,这种土质很适于夯实成墙。其优点
是坚固承重耐久,防水吸潮性能也好,是理想的建筑墙体材料。除沿海一
些地区外,几乎占福建90%以上的民居建筑都采用夯土墙为主要墙体材
料。我们在考察民居建筑遗迹时经常看到,经过数百年的风雨侵蚀,木构
架早已坍塌或荡然无存,但生土夯筑的墙体依然巍然屹立,保持较为完好。

---

① 赵昭炳主编:《福建省地理》,福建人民出版社1993年版,第220页。

另外许多地方的墙体也很有特色，例如福州民居多采用城市废弃瓦砾加上黏土、石灰夯筑成承重的"城市瓦砾土墙体"；福清民居的墙体多用"金包银"结构承重，其做法是在生土瓦砾夯筑的墙体外，用黏土、石灰、细沙等三合土精心夯筑，拍打成"夹心饼干"似的夯土墙体；泉州民居利用地震过后遗留的碎砖烂瓦，砌筑成"出砖入石"的墙体，堪称闽南一绝。（图2-1、2-2）

在闽台沿海一带，民居建筑多采用蚌壳、蛎壳等贝壳烧制的壳灰代替石灰，其优点是可以防止海风吹来带进的酸性侵蚀。闽南、台

图2-1　土楼墙体——夯土的世界

湾一带盛行用壳灰、沙、黏土加入红糖水、糯米浆夯实，称为"三沙土"的墙体材料，用在建筑外墙和坟墓修建。有的已有三四百年的历史，依然坚固如石，连铁钉都钉不进去（图2-3）。另一种常用的墙体用料是土坯，也称"土结"，古称"土砖"。它是用红黏土或田土掺砂并加入铡碎的约两寸长的稻草，掺水搅拌均匀，用木模成形，晾干后即可使用。这种"土结"多用于室

图2-2　泉州地区"出砖入石"墙体

图2-3　漳浦赵家城下为块石、上为"三沙土"的墙体

内的隔墙,并在墙体抹上白草灰。这些地方材料在民居建筑上的使用,充分证明了劳动人民的巨大创造力。(图2-4)

图2-4　龙岩适中"土结"砌筑的墙体

三、石材

福建盛产石材,特别是东南沿海的花岗石,材质均匀,强度高,在古代就大量用于桥梁建筑。十几厘米厚的石楼板跨度可达4米多,建造桥梁用的巨形条石跨度可以达到十几米。在民居建筑中,尤其在泉州、惠安一带,石材得到了充分的利用。不仅建筑的梁柱用石材,楼梯、门窗框也用石材;不仅外墙用石头,室内隔墙也用石头,而且不加任何饰面。在长期的建筑实践中,人们创造出多种石头墙体砌法,如青石与白石相间砌筑形成的色彩对比,风包石与规整石并用形成的质感对比,都是相当成功的做法。花岗石良好的质地,加上精细的加工工艺,确实比任何墙体抹灰更为美观、耐久。石材在建筑上多用于房子的下半部,如台基、柱珠、墙身、槛墙、石鼓、门窗、石柱、龙柱及台阶。每一部分都可由工匠雕刻花草、走兽、人物等图案。有些建筑的正门、墙壁上全嵌上石雕,连窗子也由整块石材透空雕成。这种石材应用中表现出来的结构技术与艺术的统一,值得后人总结和继承。(图2-5)

石料加工的主要形式有:①四线直。外墙壁的石料正面弹两线,侧面分别又弹两线来修正,使石坯平直。②凿平。用一种名为石錾的工具将石料正面均匀錾平,分一遍凿(遍齐)和两遍凿(两遍齐)。③崩平。石料凿平后,面层仍留有

图2-5　泉港区黄素石楼

錾点。这时再用特制的工具均匀地崩平,也分一遍崩和两遍崩。④水磨。这是石料的一种高级加工形式,过去采用人工水磨,现在采用机械水磨。一般民居普遍做法是正墙和门窗一錾加工,房屋两边和后面用毛坯石"四线直",较讲究的民居石料加工才用崩平和水磨。[①]

台湾本岛产的石材质地松软,容易风化,不适合进行雕刻,因此早期建筑的石材大多数由大陆随货船压舱运来,称为"压舱石"。日本人占领台湾后,两岸联系一度中断,逐渐改用本地的石材。常见的石材大体有以下几种:①青斗石。又称青草石,为色泽带绿的玄武岩,产于大陆,是石雕最好的材料。其质地坚硬细密,适合细致的雕刻。雕出来的棱线犀利,历久不灭。②陇石。色泽略带黄的花岗岩,也来自中国内地,质地坚硬,但纹理较粗,芝麻点较明显。③泉州白石。白色的花岗岩,芝麻点小而不明显,产于泉州,产量较少,因而十分珍贵。④观音山石。产于台湾北部的观音山,色泽青灰,质地较软,孔隙较大,不宜做细部雕凿。⑤金门石。又称麻糍石,为色泽较淡的花岗岩,带有小黑点,是上等的建筑材料。

四、砖

闽台地区的红、黄壤泥土也很适合烧制成砖。其优点是坚固、耐磨、防水防潮性能好,可以拼贴出各种图案,也可以雕琢成为美丽的砖雕。主要种类有红砖、青砖两大类。有的人以为青砖、红砖是用两种土壤烧制而成的。实际上,红砖、青砖都是采用同一种土壤(主要成分为红壤)为原料,之所以有区别在于

图2-6　红砖是泉州民居的代表色

烧制的工艺不同。红砖制作是在烧到一定火候时(通常要4~5天)引入空气,慢慢降低温度,使其颜色保持不变;青砖制作是在烧到一定火候,砖体表面还很热时,突然浇水加以淬火,使砖体与水发生氧化反应以改变其颜色。青砖

---

① 张千秋等主编:《泉州民居》,海风出版社1996年版,第230页。

图2-7　晋江红砖拼砌的图案精美无比

的强度比起红砖要好一些。

红砖墙体是闽南民居特别是泉州民居最为普遍的外墙体形式（图2-6）。其做法是在砖墙底部地牛之上，用白石加工成条石称大座、虎脚（即勒角），虎脚上用整块大白石板经细加工横竖砌筑，称粉堵。在粉堵顶面用红砖砌筑堵框，俗称香线框。镶边线框凸出或凹进墙面，或素平起线均可。墙面嵌砖，根据花样叫万字堵、蟹壳封砖堵、海棠花堵，还有人字体、工字体等。当地人还喜爱在砖墙上用砖錾砌成隶书或古篆体对联。正堵墙用几种规格的砖料，经泥水师傅横、竖、斜、倒砌，用白灰砖缝粘合成红白线条的拼字花图案，其色泽醒目，优雅动人（图2-7）。在闽台民居中，红色得到了充分的运用。根据阴阳五行学说，赤色（红色）象征喜庆、富贵，因而在建筑中大量使用。帝王宫殿中的宫墙、檐墙、屋顶、门柱等一律用朱色，可以说中国历史上对红色情有独钟。泉州人喜爱红色，可能是受到了传统的影响。闽南民居的红砖色泽鲜艳、质地坚硬且纹路清晰。用红砖组成多种图案放在民居建筑的外墙上，极富装饰特色。另外红瓦顶、红

图2-8　金门山后王宅

瓦筒、红砖屋脊、宅内铺的红地砖等,都体现了闽南民居的红砖文化特性。随着泉州人进入金门、台湾,带去了家乡的建筑文化和习俗,红砖文化也在台湾流传开来,成为台湾民居的主导文化。(图2-8)

在传统民居的房间入口和厅堂重点部位,一般布有美丽的砖雕。民居的砖雕是在尺二砖上绘上花鸟人物图案,再采用浮雕的手法进行雕琢,最后用白灰浆刷在雕去的部位,在红砖上形成红、白对比的图案。还有一种做法是采用红砖墙拼花。釉面大红砖是手工制作的,用松枝和相思树枝烧成各种形状的暗红黑条痕的红砖,闽南称"雁只砖"。形状有六角、八角、圆形、古钱币形、海棠花形等。六

图2-9　南安蔡氏古民居的墙面装饰

角形像龟甲,代表长寿;八角形代表吉祥;圆形代表圆满;钱币形代表富贵;还有莲花形及带有宗教字样的形状。经此拼砌成的各种图案,为民居增添了色彩纷呈的气氛,达到了令人赏心悦目的装饰效果。有的还将书法艺术融于其中,拼出篆体或隶书的对联或"福""寿""吉祥"等字样,点缀在红色调的砖墙面上,增加建筑的美感。(图2-9)

下面是闽台民居建筑中常用的红砖名称与规格(表2-2):

表2-2　闽台民居建筑常用的红砖名称和规格

名　称	规格（厘米）	用　途
福办（五花头）	5×12×24	多用于墙体、墙角柱的砌筑
太　兴	3×10.5×20 5×12×24	封墙倒层牵线边框筑人字形
中　兴	2×11×20	倒层牵线边框做万字体
时　兴	2×11×20	砌墙堵框与造灶牵线倒层

续表

名　称	规格（厘米）	用　途
火　佃	3×10×22	卧砌堵框造门槛下
油　面	2×20×12	封山墙归尾做人字体
颜　只	2×20×12	倒层牵线
阔　六	2×20×12	封墙面俗称封砸
尺　二	2.5×20×32	铺地面砖做人字形或工字形
六角尺六	3.5×45×45	较大厅堂内铺地面做人字形
六角尺四	3×30×30	厅堂地面砖
四角尺六	3.5×45×45	铺厅与宫庙地面砖
油　标	2.5×18×27	房内地面砖与封墙
厚　仔	1×24×24	厝兽沿边檐口底层砖
小六角	3×20×20	人墙堵，铺地面
粗砖（一片红）	5×12×24	倒砌间墙
瓦片（厝瓦）	1×26×28	厝盖主要用材，砌于油两（平瓦）上
油两仔	1×15×24	放于桷枝间，又称望砖
瓦虫（筒瓦）	1×10×22	砌压于厝瓦上，可作脚踏步
掩目（花档头）	1×10×22	厝檐筒瓦尾端
垂　珠	1×26×28	厝檐笑瓦行尾端作滴水
小　游	2×10×13	造灶排烟道
扑　竹	3×12×24	用于墙和灶的出檐
粗夔火头砖	6×18×24	次外墙用砖
釉面砖	2×16×21	外墙砖
花头砖	4×12×24	墙体倒层
青　砖	4×10×22	山区民居砌墙与角柱
黑　瓦	0.5×24×26	山区民居多采用做屋面瓦，不易透水

资料来源：张千秋等主编《泉州民居》。

红瓦片。是覆盖屋面的主要用材,约一尺见方,略作拱形,可做成上槽或下槽,既能挡风遮雨,又有隔热的作用。

平瓦。是架在桷枝上粘贴瓦片的一种材料,厚度与瓦片差不多,5寸×7寸长方形,不呈拱形,有面背之分。

瓦当(瓦筒)。泉州建筑习俗,因有"皇宫起"的特别恩准,所以屋面两行"笑竹"状的瓦行中,压一行黏土再用瓦当压在瓦片上覆盖形成工整的行距。有的整座房子的屋面均用瓦当。

花头当。用在檐口最前面的一串有兜口的瓦当,因其正面有花纹,故称花头当。宫殿庙宇等重要建筑物以及有钱人家的民居,均采用这种花头当。

垂珠。是砌在檐口的带有三角形下垂的瓦簾,瓦槽沟内的雨水沿着瓦簾尖端流下,可避免雨水直接流下而浸湿屋面上的桷枝,是必须和"花头当"搭配在屋面檐口的建材。

粗氆。规格6厘米×18厘米×24厘米,一般用瓦窑底较粗糙的底土制坯,因其表面粗糙,垫在最靠近火头的窑底烧热,使其烧成坚硬的陶瓷质。因为既经济又结实,所以被大量采用。沿海的民居多用它砌筑外墙,以抵挡海风的侵袭。

釉面砖。或称为"七寸砖",泉州一带称为"壁砖",规格约为2厘米×10厘米×20厘米。一般竖砌作外墙,用"中兴"砖(火垫)倒砌为垫。

五花头。也称"福办砖",后来成为"标准砖",规格为5厘米×12厘米×24厘米,是用于倒砌外墙最普通的材料。因为烧制时交叉叠起,所以制成后正面带有自然的黑红相间的斜条纹,可砌出多种形体的红砖墙。

四花头砖。比五花头砖薄一厘米多,经常和粗氆或釉面砖搭配,一倒一竖砌筑外墙。也有黑红相间的花纹。

中兴砖。俗称"火垫",规格为2.5~3厘米×7.5~8厘米×20厘米,一般用于搭配壁砖倒砌。质量较好的用于砌炉灶,也有用于砌筑"运路"。

花砖。是较高级的古民居正面墙壁的"砖堵",除鏨砖砌花外,也有用特制的小型花砖,但一般人家少用。

一片红。其规格与福办砖同,是置于窑内较不着火的地方烧制的,质地较软,整块通红,不带花纹,故称一片红。一般用于室内隔墙的砌筑。

火头砖。将标准尺寸的砖置于窑口火路上,这种砖因过火而部分变黑、变形。多用于砌筑背面墙、内隔墙。属次品,造价也较便宜。

　　用于铺筑地面的方砖在闽台地区被普遍采用,其规格有尺二砖、尺四砖及尺六砖等,多数用尺二砖。铺砌时多用于厅堂、房间,分别用斜铺和横铺等形式。除方砖之外,还有六角形砖,也有大、中、小三种,常用于中厅或厅口的走廊处。①

---

① 张千秋等主编:《泉州民居》,海风出版社 1996 年版,第 230～231 页。

第三章　闽台社会形态与闽台民居建筑的关系

建立在小农经济基础上的家族制度是中国封建宗法社会的基础。中国的家族制度经历了父家长制、宗法制、世家大族式和封建家族四种形式。宋以后的封建家族制度对闽台社会形态的形成和发展最为重要。家族组织的基本构架是祠堂、族谱和族产。中国传统民居建筑与社会、历史、文化、民族、民俗有关,又与儒礼、道学、阴阳五行等思想有密切关系。福建是风水学派中理派(闽派)理论的发源地,讲究理气、方位、卦义、宗庙,对闽台民居建筑的选址定位及平面布局产生了重大影响。

第一节　闽台家族社会形态分析

一、家族概念与家族形成渊源

中国自古就是一个封建宗法社会,中国古代家庭和家族制度在历史上虽有过种种变异,但建立在小农自然经济基础之上的家长制与家族制却长盛不衰,一直是宗法社会的基础。中国古代家族聚居、同炊共财的风气一直保留到清代。如汉代蔡邕"与叔父从弟同居,三世不分财"[1]。我们从历代正史记载中,可看到经过朝廷旌表的累世同居共财的大家庭,唐代有 18 家,五代有 2 家,宋代多达 50 家,元代近 20 家,明代亦有 20 余家。[2] 其他地方志和有关文

---

① 《后汉书·蔡邕传》。
② 左云鹏:《祠堂族长族权的形成及其作用试说》,《历史研究》1964 年第 5、6 期合刊。

献,也有类似模式化家庭的记载。

家族组织包括家庭和宗族两种社会实体。所谓"家庭",是指同居共财的亲属团体或拟制的亲属团体;所谓"宗族",是指分居异财而又认同于某一祖先的亲属团体或拟制的亲属团体。二者都具有亲属团体的共同特征,更重要的是二者的结构和功能是互补的。恩格斯说:"一定历史时代和一定地区内的人们生活于其下的社会制度,受两种生产的制约:一方面受劳动的发展阶段的制约;另一方面受家庭发展阶段的制约。"① 也就是说,人们必须依据家庭发展的具体形态,建立与之相适应的社会组织形式。根据功能主义的观点,家庭是个人的"第一道防线",而宗族是个人的"第二道防线"。② 在家庭内部,除了"同居共财"的经济关系外,还存在着婚姻、血缘、收养、过继等社会关系,婚姻关系是最为主要的。郑振满把传统家庭分为三种类型:一是"大家庭",即包含两对及两对以上配偶的家庭;二是"小家庭",即只有一对配偶的家庭;三是"不完整家庭",即完全没有配偶关系的家庭。在宗族成员之间,虽然名义上都有"同宗共祖"的血缘关系或拟制的血缘关系,而在实际上对宗族成员起规范和制约作用的,既可以是血缘关系,也可以是地缘关系或利益关系。因此他将宗族组织分为以下三种类型:一是以血缘关系为纽带联结的"继承式宗族";二是以地缘关系为纽带联结的"依附式宗族";三是以利益关系为纽带联结的"合同式宗族"。③ 这种家族组织可用下图表示(图3-1):

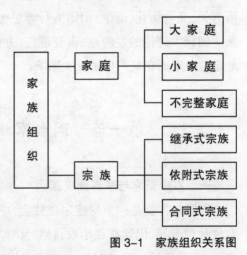

图3-1 家族组织关系图

在正常情况下,这三种家族组织可以互相转化。每个家族都有一个始祖,始祖经过结婚、生育,先后建立了小家庭和大家庭,而后经过分家析产,形成

---

① 《马克思恩格斯全集》第21卷,第30页。

② 叶庆:《新加坡和马来西亚的早期中国人民族组织:1819—1911》,《东南亚研究》1981年第12期。

③ 郑振满:《明清福建家族组织与社会变迁》,湖南教育出版社1992年版,第22页。

继承式宗族；又经过若干代自然繁衍，族人之间的血缘关系不断淡化，逐渐为地缘关系和利益关系所取代，继承式宗族也就演变为依附式宗族和合同式宗族。这一过程可用图示（图3–2）：

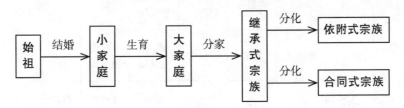

图3–2　家族关系演变过程图

　　关于家族的概念，班固的《白虎通德论·宗族篇》里说："族者何也，族者凑也，聚也，谓恩爱相流凑也。上自高祖，下至玄孙，一家有吉，百家聚之，合而为亲，生相亲爱，死相哀痛，有会聚之道，故谓之族。"再从字面上讲，族是一个假借字，原指盛箭矢的袋子，把许多支装在一起叫族（后改写为"簇"），也叫束[①]，用它来命名家族的族，就是把许多家庭聚集在一起的意思。要构成家族有三个要素：一是必须是一个男性祖先的子孙，从男系计算的血缘关系清楚；二是必须有一定规范、办法，作为处理族众之间的关系准则；三是必须有一定组织系统，如族长之类，领导族众进行家族活动，管理族中的公共事务。这三项是缺一不可的。

　　古人有所谓"三族""九族"的说法，以父族、母族、妻族为三族；或者以父族四、母族三、妻族二为九族；或者以上自高祖，下至玄孙的九代为九族[②]。《礼记·丧服记》以丧服的轻重和丧期的长短来显示与死者的亲疏关系，分成五类，称"五服"。（图3–3）

　　五服图中，关系最密的是父、己、子直系三代，属第一圈。从此往长辈、晚辈、平辈依次推衍，递疏递减。第二圈是从祖至孙，包括堂兄弟，合为五代。第三圈从高祖至玄孙，包括族兄弟，合为九代。五服图若以自己为圆心，画一同心圆逐层向外扩充，秩序井然。这种秩序，费孝通称为"差序格局"。古代

---

①　许慎：《说文解字》卷七上，"族，矢缝也，束之族也"。
②　周代九族：1. 父姓五服之内。2. 姑母和他的儿子。3. 姐妹和他的儿子。4. 女儿和他的儿子。5. 母的父姓。6. 母的母姓。7. 母的姐姐和他们的儿子。8. 妻的父姓。9. 妻的母姓。即父有四族，母有三族，妻有二族。

				高祖父母				
			曾祖姑	曾祖父母	曾叔伯祖父母			
		族祖姑	祖姑	祖父母	叔伯祖父母	族叔伯祖父母		
	族姑	堂姑	姑	父母	叔伯父母	堂叔伯父母	族叔伯父母	
族姐妹	再从姐妹	堂姐妹	姐妹	己、妻	兄弟兄弟妻	堂兄弟堂兄弟妻	再从兄弟再从妻	族兄弟族兄弟妻
	再从侄女	堂侄女	侄女	子媳	侄侄媳	堂侄堂侄妇	再从侄再从侄妇	
		堂侄孙女	侄孙女	孙子孙媳	侄孙侄孙妇	堂侄孙堂侄孙妇		
			侄曾孙女	曾孙曾孙妇	侄曾孙侄曾孙妇			
				玄孙玄孙妇				

图 3-3 五服图

中国的封建体制,就是以个人为中心构成一幅五服图,无数幅五服图构成中国社会的族群团体;家族把个人和国家调和在一起,构成社会结构。[①]

中国的家族制度,从原始社会末期产生,到 20 世纪中叶结束,共经历了先后承继、递相蝉联的四种不同形式。即原始社会末期的父家长制家族,殷商时代的宗法式家族,魏晋南北朝至唐代的世家大族式家族和宋代以后的封建家族。父家长制是家族制度的雏形,封建家族则是它最完备的形态。对闽台的社会形态形成和发展来说,最为重要的是宋以后封建家族制度,所以本书以此为重点来论述家族制度。

---

① 丁俊清:《中国居住文化》,同济大学出版社 1997 年版,第 94 页。

二、形成家族制度的基本要求

封建家族制度在宋代形成后,在近千年的封建社会后期不断发展和完善。唐末五代随着庄园制的崩溃,世家大族式家族组织瓦解,形成了一种以祠堂、族谱和族产为主要特征的家族制度。北宋中叶的著名理学家张载、程颐提出了重建家族制度的方案:一是以血缘关系为纽带组织宗族,家族内设"宗子"即族长。二是立家庙,用以祭祀祖先,供奉家族中历代祖先的神主牌位,这里的家庙也就是后来家族制度中的祠堂。三是立家法。宋代的社会因素和理学家们的倡导,对于福建家族制度的形成和发展,起了极大的推动作用。特别是宋理学大宗朱熹,大力鼓吹尊祖敬宗的家族制度,把张载、程颐等人所提出的恢复宗子法的主张予以完善并付诸实施。他设计了一个宗子祭祖的方法:每个家族均建立一个祠堂,祠堂建于正寝之东,里面供奉高、曾、祖、祢四世神主牌位。且家族均设立族田,族田占家族土地的五分之一。这时期的家族组织形式有两种,一是累世同财共居的大家庭,二是由许多个体小家庭聚族而居。后者为宋以后封建家族制度的主要形式。这一家族制度强调"敬宗收族"。所有的宗族,都由祠堂、族谱和族田三件东西联结起来。祠堂和族谱用以尊祖敬宗,规定家规、族规,强调血缘关系,利用血缘关系由血亲而尊崇祖先,由尊祖而敬重同宗,由敬宗而团结族人。族田是宗族制度赖以存在的物质条件,依靠它把族众团结在一起,称为"收族"。清人张永铨说:"祠堂者,敬宗者也;义田者,收族者也。祖宗之神依于主,主则依于祠堂,无祠堂则无以安亡者。子侄之生依于食,食则给于田,无义田则无以保生者。故祠堂与义田原并重而不可偏者也。"明方孝孺说:"尊祖之次,莫过于重谱。""非谱无以收族人之心,而睦族之法不出乎谱。"所以祠堂、族谱、族田三者是宋以来封建宗族制度的主要特点。

(一)祠堂——家族组织的核心

祠堂是家族组织的象征和中心,它既是供设祖先神主牌位、举行祭族活动的场所,又是执行族规家法、家族自我宣传、议事饮宴的地方。福建民间有些家族祠堂的建造,可以追溯到唐朝和五代时期。在福建一些古老的姓氏如林、黄、陈、方的族谱中,都可以看见这种记载。[①] 但大量的家族祠堂建造始于

---

① 陈支平:《近500年来福建的家族社会与文化》,上海三联书店1991年版,第35页。

宋代,盛于明代。明代中叶以后,激烈的社会变迁加深了福建民间家族加紧内部控制的紧迫感。而商品经济的发展,又为家族组织的建设提供了经济基础。于是福建民间家族祠堂建造进入了繁荣时期。明代中叶福建家族祠堂的发达还体现在家族内部祠堂的细分化。一般的家族不但有一族合祀的族祠、宗祠,或称为总祠,而且族内的各房、各支房,也往往有各自的支祠、房祠,以奉祀各自直系的祖先。如漳州府诏安县,"居则容膝可安,而必有祖祠,有宗祠,有支祠。画栋刻节,糜费不惜"①。兴化府属,"诸世族有大宗祠、小宗祠,岁时宴飨,无贵贱皆行齿列。凡城中地,祠居五之一,营室先营宗庙,盖其俗然也"②。据陈支平调查,连城新泉的张氏家族,除总祠之外,另有支祠24座。惠安山腰的庄氏家族,族众数万人,大小祠堂的数量连族人都说不清,估计有100来座。福州郊区尚干的林氏家族,族众近万人,为了显示族威,大宗祠盖进省城,连同城乡各处大小祠堂不下50座。③ 随着家族人口的繁衍,许多家族出现分支迁居外地的现象。这样,同一远祖但没有居住在同一地方的族人,往往合建超地域的大宗祠,以奉祀共同的祖先。如仙游黄氏,"吾黄姓在仙,或自省来,或由莆至,或自泉迁,要皆来源于江夏,于是本亲亲之谊,建大宗祠于县城"④。连许多迁居台湾和海外的福建分支子孙,也在台湾及东南亚等地合建大宗祠,并与福建始祖宗祠保持密切联系。民国时期,闽西和闽南漳州一带旅居马来西亚、新加坡一带的许氏华侨,就曾联袂回乡倡建新加坡许氏大宗祠。泉州等地旅居东南亚的陈氏华侨,也曾大规模回乡举行对谱引香火活动,以庆祝吉隆坡陈氏大宗祠的建立。这种利用宗祠进行连宗追祖,将日益疏远的血缘关系连接起来的做法,得到了族众的认同。

(二)族谱——团结族人的纽带

闽台民间家族强调血缘关系的另一个重要措施是修撰族谱。如果说祠堂是用血缘关系把族人牢固地纽结在家族组织上的活动中心,那么族谱便是为家族组织的活动建立完备的档案材料。一般来说,族谱除了记载全族的户口、婚姻和血缘关系外,还有全族的坟墓、族田、族产、祠庙等的四至方位和管

---

① 陈盛韶:《问俗录》卷四《诏安县》。
② 《重纂福建通志》卷五十五《风俗》,引自《莆田县志》。
③ 陈支平:《近500年来福建的家族社会与文化》,上海三联书店1991年版,第38页。
④ 民国《仙游黄大宗祠公簿》。

理文件,家族的规约训诫、修谱凡例义则、各类合同文书等。有些族谱,还详细记有家族历代的重大事件与外界纠纷、优秀人物传记、科举出仕及义行芳名录等。中国家族族谱学由来已久,在汉末、魏晋南北朝以至隋唐兴盛一时,但随着唐代门阀制度的衰落,这种古老的谱学也退出了历史舞台。维系近代家族制度的新谱学的兴盛,与家族的祠堂建设一样,主要始于宋元,明清时大为发展兴盛。尤其是中原汉人南迁后,强烈的汉族正统意识和溯源追祖的情绪不断高涨,成了族谱修撰有力的推进器。

尽管各家族的族谱记载详略不尽相似,但家族的世系源流、血缘系统却是族谱最为主要的内容之一。因为修谱的主要目的,就是为了防止血缘关系发展混乱而导致家族的瓦解。所谓"传袭世远,子孙日繁,或叔侄依次高下之倒置,或兄弟名字称呼之重复,家于井市者或不知山林之族属,居于乡村者或罔识城邑之戚疏,未必不由家谱不足征故也"①。所以修撰族谱以理清家族血缘是家族的一件大事,所谓"谱牒明则昭穆分,而长幼序,尊卑别,而亲疏辨"②。修撰族谱的另一个目的是通过血缘关系世系源流的考订排列,强调本家族血统的高贵性,从而提高本族人的自尊心和荣誉感。为了达到这一目的,各个家族在修谱时总是尽可能地将自己祖先与中国历代的先朝名流、望族联系在一起。如福州《林氏族谱》称"林氏出自子姓殷少师比干,谏纣而死,其子孙逃于长林,周武王已克商,封比干墓,爵坚郡公,命为监,赐姓林氏"③。浦城房氏家族称"乃陶唐氏之后,至唐而玄龄公发祥焉,他如仕宦显名当者代有达人"④。更有甚者,如清代名臣名儒李光地家族,他们追溯的祖先是道家创始人李耳和唐高祖李渊。"老祖伯阳公名耳,号伯阳,谥聃。周宣王四十四年庚辰岁二月十五日生于楚之苦县属乡曲仁里,以生时耳有漏,白发盈首,故名耳。亦呼曰老子。……我湖(安溪湖头)李出陇西,为唐高祖李渊公之苗裔。"⑤ 即使是迁居入闽后的历史,族谱的记载也并不完全可靠。如《莆田九牧林氏族谱》称其入闽始祖林禄为永嘉时晋安太守;《文峰陈氏族谱》称其入闽始祖

①　安溪《谢氏族谱》卷首《清溪谢氏指南序》。
②　安溪《谢氏族谱》卷首《重修清溪谢氏族谱序》。
③　福州晋安《林氏宗谱》之《晋安世谱校正序》。
④　浦城《房氏族谱》卷之一,《修谱凡例》。
⑤　安溪湖头《李氏宗谱》《李祖伯阳公圣传》。

陈润为永嘉时晋安太守；《莆田南湖郑氏家谱》称其入闽始祖郑昭为永嘉时福泉二州刺史。如此说来，永嘉二年（308）林、陈、郑等姓避乱入闽时，其祖先同时为闽中太守，太守何其多？何况晋永嘉时闽地仅设晋安一郡，何来福、泉二州？因此族谱中对先祖的追溯大多牵强附会，可信度不高。但对自迁居始祖以下，则代代排列，严格分明，不容混淆。

在闽台家族的修谱中，多实行名字排列制度，即在同一辈分的族人中，名或字必须用某一个统一的单字起头，再与其他单字结合成名或字。这样做的目的是让家族内部的血缘关系上下有序，便于查询。有的家族由某一祖先选定一系列排行用字，记载在族谱中，后代子孙便沿用这样成规给后人起名，不会产生紊乱。如惠安刘氏家族的对门房行序是："予孟成弘，乾庆复树，邦君建侯，伯仲联芳，恢大第也，孙曾继美。"[1] 有的家族只笼统规定用偏旁去拼字，没有具体规定该用何字。如安溪谢氏"子孙表名字，俱要取玉侧丝边之类，一般字样甚便收谱，亦显祖宗和睦"[2]。再如金门县，历史上隶属于泉州同安县，蔡氏家族的子孙后裔分居同安新店乡和金门枫林村，两地蔡宅沿用同一排行用字"景太靖延用启乔，汝士复根炷基铨，淑梁熙培铸洪财，珍海棠荣远仓喜"[3]。1949 年以后两岸不通音讯，近年重聚，一对辈行用字，便可分清尊卑亲疏。总之，族谱和祠堂一样，用家族的血缘关系为纽带，将族人紧紧地联系在一起，起到团结族人、光宗耀祖的作用。

（三）族产——维系家族的支柱

闽台民间族产包括土地、山场、房屋、桥渡、沿海滩涂等生产生活设施和店面出租、银两生息、墟集管理费等的收入。其中占主要因素的是族田。族田名目繁多，有祭田、蒸尝田、礼田、祠田、义田、书灯田、香油田、公役田、轮班田、桥田、渡田、会田、社田等。福建族田发展源流，大致可追溯至唐末五代时期。这也是北方士族大量入闽，福建成立地方割据政权"闽国"的时期。两宋时期，理学家在闽大力鼓吹"敬宗睦族"，族田的设置制度日见完善。如莆

---

① 惠安《峰城刘氏族谱》，字行说。
② 安溪《清溪谢公宗谱》，件读公示训。
③《同安县文史资料》第六辑《同安、金门的蔡氏家谱》。

田林氏"在宋初时已置祭田"①,漳州王氏"以郭外田五百余亩创义田"②。到了明代中叶,福建民间家族制度进入一个新的发展阶段,家族共有田也随之得到长足的发展。一般家族在立祠设祭的同时,也筹集资金扩置族田。如建阳傅氏"祠始立于明万历戊午(1618)九月,落成于庚申(1620)十月。……遂以二百亩为春秋祠祭之需"③。连城张氏"虽然祠既成矣,祖既妥矣,族既聚矣,而蒸尝之需尚未具也。于是诸公……顺治辛卯年(1651),用价百有二十金,买杨梅滩田一千二百把,年收折色若干,充祭费用。又于顺治十五年(1658)丁酉,展辟祠前左右基址筑店房五十进,添祭之用"④。

族产的用途很多,可归纳为两大作用:家族事务的开支和赈济贫困的族人。凡是属于家族事务的经费开支,一般都要动用族产。如建祠修墓,纂谱联宗,办学考试,迎神赛会,门户另设,兴办公益(修路架桥,兴办水利设施等),甚至于外族的民事纠纷、诉讼和械斗等,都要用到族产。在众多的开支当中,最主要的是祭祀祖先的费用。因此,在许多家族中,族产、族田几乎就是祭产、祭田的同义词。族产除了以祭祀为中心的家族事务开支外,另一重要用途就是赈济贫困。如建阳"本祭田之遗,济恒产之穷,上供祖宗血食之资,下为子孙救贫之术,其法尽善"⑤。浦城刘氏家族祭田,"原为后人祭赛之需……今经众议定子孙有清寒困苦不幸丧亡无所归殡缺乏收殓者,该房查确,匣内给银数两,以备殡葬,上体祖宗之心,下恤无告之惨"⑥。上述两个作用是并行不悖、相辅相成的。祖宗的祭祀活动,使得家族的血缘关系得到加强;赈济贫困,则更能使族人感受到家族的温暖,加强血缘关系的必要性,达到收族的作用。

自宋元以来族产兴起不衰还有一个重要原因,是为了防止子孙后代在动荡不定的社会经济旋涡中沉沦没落下去,祖宗提留族产,可以给子孙留下一份永久性的财产。1950年福建农民协会调查本省家族共有田时认为:"地主从他们的所有土地中划出一部分为族田,部分固然是为了作死后祭祀之用,但最主要

---

① 嘉靖《延平府志》卷十八。
② 同上。
③ 建阳《傅氏宗谱》卷一。
④ 连城《新泉张氏族谱》卷首《宋祠记》。
⑤ 陈盛韶:《问俗录》卷一《建阳》。
⑥ 浦城《刘氏四修族谱》卷五。

的还是怕子孙把产业败光。所以提作族田,也就是想使占有的土地保持得更稳固些。"①

新中国建立初期（1950）,福建省农民协会曾对新中国成立前福建农村共有田做了调查,结果如下:

> 各地区共有田在田地总数中的比重是这样的:古田七堡占 75.8%,古田过溪占 61.4%,永定西湖村占 60%,永安吉前堡占 56.6%（以上属闽西闽北地区）。仙游四个村占 43.5%,南安新榜占 15%,福州市郊六个村占 13.55%,福州市郊两个村占 7.98%,福清梧屿村占 9.02%（以上属沿海地区）。从这里,我们可以看到各地共有田所占比重极不一样,有高到 75.8% 的,也有低到 7.98% 的。一般来讲,闽北、闽西占 50% 以上,沿海各地只占到 20% 到 30%。②

需要指出的是,福建沿海的族田比重较小,并非意味着沿海家族制度不发达,而是沿海各地人多地少。因此,族田占土地总量的 20%~30% 是沿海地区扩充族田的最高限度。福建的族田在土地总量中占有如此高的比重,在全国也是十分少见的,由此可见福建家族势力的强大。

总之,祠堂、族谱、族产这三部分互为配合,形成一个稳定的三角形,支撑住家族组织这一体制,形成了家族组织的基本构架。(图 3-4)

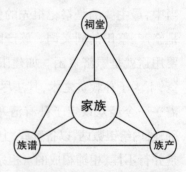

图 3-4　家族组织的基本构架

第二节　福建派风水理论形成及其对闽台民居建筑的影响

一、风水学上的两大流派

自唐宋以来,风水术大致可分为两派:一是形派,讲究形势、形法、峦体,主要活动在江西,故称赣派。另一派是理派,讲究理气、方位、卦义、宗庙,主

---

① 华东军政委员会土地改革委员会编:《福建省农村调查》,第 111 页。
② 同上书,第 109 页。

要活动在福建,故称闽派。两派不能截然分开,形派也讲方位,理派也讲形势,侧重点不同而已。两派之中,你中有我,我中有你。

形派由江西人杨筠松、曾文遄、赖大有、谢子逸等人创立,注重龙、穴、砂、水和定向,俗称地理五诀。杨筠松是形派宗师,撰有《三龙经》(即《龙髓经》、《疑龙经》和《辨龙经》),又有《撼龙经》,都是讲龙脉、述形势之书。形派认为:崇冈复岭,则伤于急;宽平旷野,则病于散。观其变化,审其融结。意则取其静,势则取其和。

理派由宋代王伋、陈抟等人创立,在福建、四川、浙江都有传播,主要经典有《青囊海角经》等。理派以八卦、十二支、天星、五行为四纲,讲究方位,有许多"煞"忌,理论十分复杂。如"宗庙"之名,有人认为是五行,有人认为是宗庙水,很难说清。理派特别重视罗盘定向。理派借鉴了形派的理论,在形派的基础上糅杂《周易》学说和占星学说,因此理派的理论很少有人能搞懂,流传范围有限。

二、福建派风水理论

福建派又称宗庙法、屋宅法。清赵翼《陔余丛考》说:"一曰屋宇之法,始于闽中,至宋王伋乃大行,其为说主于星卦,阳山阳向,阴山阴向,纯取五星八卦,以定生克之理。"从此可知福建派讲究的是宅法原理。王伋,字肇卿,一字孔彰。原籍河南开封,其祖父王讷因论历法有差,被贬居江西赣州。王伋幼年致力科举,再举不利,遂弃家浪游江湖,后因喜爱瓯江龙泉山水,便在此定居下来。他博通管辂、郭璞的地理之学,对闽派风水理论的形成有重大影响。理法认为"地径是山川,原有形迹之可见,天纪是气喉,未有形迹之可窥,故必罗经测之,定其位而察其气……阅冈峦而审龙定气,验地中之形类,鉴砂水之吉凶"[1]。可见理法在考察山川形气之时特别注重罗盘。在住宅内也用罗盘定位,并依据《周易》的原理以八卦、十二支、天星、五行为其理论的四大纲。

理法中杂有大量虚无玄妙的奥理,令今人真假难辨。形法与理法常常互相对抗,但更多的则是主张二者合而用之。如《山法全书》中提出了"峦头

---

[1]《天机素书》,转引自《罗经会要》卷一《罗经总论》。

为体,理气为用”的观点。

比较两派的人员构成,江西派多是饱学之士,雄厚的文化功底使他们能真正谙熟风水术的精华之所在,并将其应用到建城、兴宫、筑宅及军事等诸领域,成为一代有名的城市规划专家和建筑专家。福建派相对文化素质差一些,他们粗通文墨,挟术数以混口饭吃,虽然也熟悉一方风土,但对大范围的山川地理却了解不多。这样,简化风水理论,清除其中不确定因素,使其口诀化,并经常使用罗盘这种神奇工具,就显得尤为重要。这种理论倾向虽为上流社会所不齿,但它却挽救了闽派风水术,使它劣而不汰,长期在民间社会拥有一定市场。尤其在无龙可觅、无砂可察、无水可观的平原地区和无特殊地貌特征的城市内部的住宅选址中,该理论的教条性、模糊性反而成全了它的普遍性、适用性。相比之下,过于注重自然地貌,专论龙穴砂水相配原理的江西派风水术,却难以施展手脚。这就是为什么江西派风水可以基本压倒而不可能彻底取代福建派风水的主要原因。

三、风水理论对闽南民居建筑的影响

阴阳、八卦学说虽然被蒙上迷信的外衣,但如果用辩证唯物主义的方法,还是能从中看到一些有益的东西。它讲究环境、适用和美观,是我国古文化的一个小小支脉。在中国古代风水著作中,包含着许多深奥又有科学的理论,值得我们去研究讨论,激浊扬清。如《黄帝〈宅经〉》总论中说:“宅有五虚,令人贪耗;五实,令人富贵。宅大人小,一虚;宅门大内小,二虚;墙院不完,三虚;井灶不处,四虚;宅地多,屋小,庭院广,五虚。宅小人多,一实;宅大门小,二实;墙院安全,三实;宅小六畜多,四实;宅水沟东南流,五实”。在修宅次第法中有如 “宅以形势为身体,以泉水为血脉,以土地为皮肉,以草木为毛皮,以舍屋为衣服,以门户为冠带。若得如斯,是为俨雅,乃为上吉。”[①]

中国传统民居建筑与社会、历史、文化、民族、民俗有关,又与儒礼、道学、阴阳五行等思想有密切关系。古代农村中,民居与家庙、祠堂布局在一起。古代盛行的天命观、家族观、等级观和阴阳五行思想,对民居的选址、择位、定向、布局以及建筑的正面、大门、山墙、墙尖屋脊、装饰装修等产生明显的影响。

---

① 张千秋等:《泉州民居》,海风出版社 1996 年版,第 13 页。

下面以闽南民居建筑为例来观察风水理论对民居建筑的影响。

（一）宅基选址与建筑平面空间布局

1. 宅基的选址

在寻找理想的宅基时，首先要观山势。在风水理论中，山就是"龙"。山势的高低、起伏、弯迤，就是"龙"的形态变化，山脉即"龙脉"。起伏、蜿蜒、运动的"龙"被认为是可以"藏风聚气"。其次要察水流，直冲而下、湍急反跳的水被认为是"恶水"，应尽量避免。水流必须缓慢、平稳、弯曲、环绕，这样的水即是理想的水。

概括起来，选择宅基的原则是：

（1）宅基力求坐北朝南，即"负阴抱阳"。一些特殊的情况如受禁忌、避煞等限制可朝东或朝西，但不得朝北。

（2）背靠大山或丘陵，面对朝山，左右两侧有小丘陵。

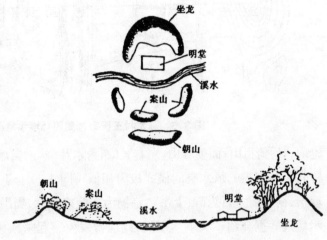

图3-5　风水观中的居住空间理想模式

（3）靠近河流或水塘（若无此条件时可挖水塘），但忌讳背水。

以现代人的观点来看，"背山"即朝向阳光，可以得到较好的日照和有利组织通风；"面水"不仅风景秀丽，而且可得到生活、生产用的水源，同时还可组织排水，有利于建筑物的保护。这种优美的环境也是当今建筑师所执意追求的。风水观正是顺应了人们的生活需要而得到广泛流传。现将风水观中的居住空间理想模式用图表示出来。（图3-5）

现以闽、客交界的诏安县秀篆镇陈龙村王氏宗祠——"龙潭家庙"周围的环境布局为例，来分析风水观对宅基选择的影响。该宗祠坐西朝东，位于陈龙村东南方向，背依巍峨绵长的金溪岭，前方正对着三里之外的一座小山丘，侧面有两个小山包分列左右，祠堂前面是蜿蜒曲折的岭下溪。正应了风水理

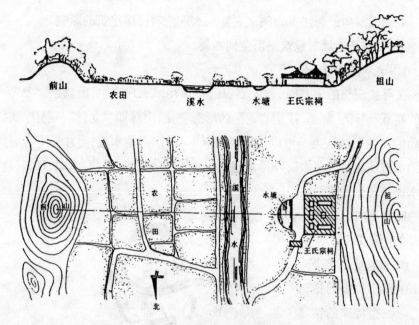

图 3-6　陈龙村王氏宗祠周围环境示意图

论的"后倚祖山,面朝屏山,左右案山,秀水环绕"。当地人称这种地形为"交椅穴",与理想的风水空间模式极为相似(图 3-6)。王氏族人对此环境极为珍惜,祠堂前立石为碑,上书"宗祠为本族之命脉,周围禁止挖山伐木",以昭示后人。据介绍"文革"期间,此地曾发生一起宗族械斗事件,起因就是外姓人挖了他们倚之为"龙脉"的前山。

2. 建筑平面与空间布局

对于建筑平面与空间布局,风水也有一些详细规定。如清代风水家林枚所著《阳宅会心集》卷上"格式总论"里就有规定:"屋式以前后两进,两边作辅弼护屋者为第一,后进作三间一厅两屋,或作五间一厅四房,以作主屋,中间作四字天井,两边作对面两廊。前进亦作一厅两房,后厅要比前厅深数尺而窄数尺,前厅即作内大门,门外作围墙,再开以正向或傍向之外大门,以迎山接水。正屋两旁,又要作辅弼护屋两直,一向左一向右,如人两手相抱状以为护卫,辅弼屋内两边,俱要作直长天井。两边天井之水俱要归前进外围墙内之天井,以合中天井出来之水,再择方向而放出。其正屋地基,后进要比前进高五六寸,屋栋要比前进高五六尺。两边护屋要作两节,如人之手有上、下两节之意,上半节地基与后进地基一样高,下半节地基与前进地基一样高,两边天井要如日字,上截与内天井一样深,下截比上截要深三寸,两边屋栋,上半截与前进一样高,下半截比上半截低六七寸,两边护屋,墙脚要比正屋退出三尺五寸,如人两手从肩上出生之状,……此为最上

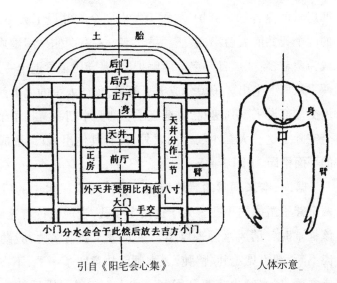

引自《阳宅会心集》

人体示意

图 3-7　风水、住宅、人三者关系

格。其次则莫如三间两廊者为最,中厅为身,两房为臂,两廊为拱手,天井为口,看墙为交手,此格亦有吉无凶"[①]。这种方式,将住宅比拟人体,以人体各部比例决定住宅的比例及平面关系,人、风水、建筑三者关系紧密结合。(图 3-7)

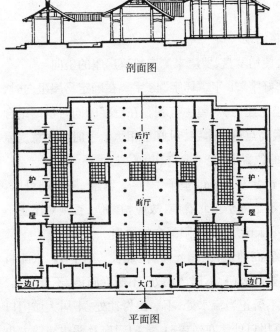

剖面图

平面图

图 3-8　诏安县陈龙村"龙潭家庙"

下面以"龙潭家庙"的平面布局和上述对照,找一找它们之间的相似之处。该祠堂为三进式布局,头进为大门,设一厅二房,中间和后面两进共五间,设一厅

---

① 何晓昕:《风水探源》,东南大学出版社 1990 年版,第 100 页。

四房。两侧各加一列护屋,拱卫左右。全宅共设了大小 8 个天井,轴线正中的两个天井前大后小,象征"昌"字。左右两侧护屋围成的天井,用廊隔开,成为两节,象征"日"字。两侧护屋,墙脚比正屋退出一段距离,象征人体的两手从肩上生出。护屋分成上下两段,象征人手的上下两节。大门两侧与护屋交接部设了一列房间,象征交手。两侧小门有意拐了个弯,通向两边出入。全宅除了这一大二小 3 个门之外,没有其他出入口,形成对内开敞对外封闭的平面格局。(图 3-8)

据说,本来祠堂的后墙应该开窗(对应风水中的后门),但现在只留下两个斧子凿成的小孔。关于这两个小孔,当地流传着这样一个传说:当初建该祠堂时曾请风水师来堪舆。主人每天杀鸡宰鸭,殷勤款待。虽然天天酒肉不断,却不见鸡肫、鸭肫,风水师就故意留了一手,不在后墙设窗。祠堂落成之后,风水师也将离开回家。主人把煮熟风干后的鸡肫、鸭肫结成一串,送给风水师作为干粮带走。风水师顿觉惭愧,走到半路吩咐徒弟转回来,在祠堂后墙凿了两个窟窿作为补救。传说之事虽不可信,但闽人崇尚风水由此可见一斑。

(二)传统民居建造的民俗活动

1. 按阴、阳、八卦的排列,使用罗盘、罗庚来测定整座房屋的坐向

在罗盘三百六十度中有"好字"78 字,"坏字"48 字。在确定房屋坐向时,看字是关键。按"好字"的坐向建房,对屋主有利。在看字的同时也需结合天文、地理,对房屋的四周及最高点进行牵字,对好星相。牵字时应注意房屋四周和最高牵点是否在财、丁的位置上,绝不允许在煞位上。

住宅、祠堂的坐向不得坐正北看南(即坐子午位)。宫殿、庙宇则可以。据传统说法,凡人的"福分"不足以坐正北看南,故应稍偏位,否则对屋主不利,测定方位与坐向主要是依据天干地支、阴阳配合的原理。

在新建住宅外形中,提倡后高前低,滋润光泽,南北长,东西窄。水路桥梁不要四面交垂直冲,宅井不要当大门,不居当街处,不居寺庙地,不近祠社、窑冶、官衙,不居草木不生处,不居正当流水处,不居山脊冲处,不居大城门口处,不居对狱门口处,不居有百川口处。在造屋时,大门门扇及两边墙壁大小要一样,门扇不要高于墙壁。要避门前水坑、大树冲门、墙头冲门、交路夹门、众路相冲、门被水泄、门下水出、门著井水、粪屋对门、水路溃门、仓口向门等。

在宅院的布局中,按照房屋的方向定位。然后定门、定路、定井、定厨灶、定碾磨房、定卫生间、定牲畜栏。但不管在那个位置,坐东向西的房屋不宜居住。

2. 使用"膏尺"(鲁班尺)进行尺寸的测量,整座房屋的规格、尺寸均在"膏尺"上

过去建造房屋,基本上缺乏正规的设计图纸(除建造大体量的建筑物外),所以只能依据屋主的设想,主要还是根据财力来确定房屋的规模及形式,然后由"起厝师"凭实践经验用膏尺定位,确定具体尺寸,如房屋的长、宽,梁柱的大小、高度等。所以有整座房屋的尺寸都在膏尺之说。膏尺上标有具体尺寸(即寸白)及"字",双面均有标"字",一面为木工使用,一面为土工使用(分为水、土、文、寸白和鲁班尺寸白两种)。在确定尺寸和建造时应注意到不同构筑部位的具体要求和不同的做法。例如:

(1)厅前走廊大石砛的尺寸应略超过厅的宽度,叫"出丁"。据说只有出丁才能生男孩。石砛的宽度大约是长度的十分之一多一点。台阶一定要"三踏"(即三层台阶),称为天、地、人三才。

(2)厅前门楣的高度位置也有一定的规定。其位置一般是人站在厅前不能看到"中脊"(中梁),如果看到叫做"见梁";站在厅中不能看到滴水,如果看到叫"露齿"。

(3)厅前石砛与厢房之间应留有缝隙,称为子孙缝。据说这样才能子孙满堂,兴旺发达。

(4)在上落与下落中间的"榉头"、厢房,应有一根梁连接上下落,这根梁称为"牵手梁",以示代代相传。

(5)厅前走廊的角门(即左右两扇边门)位置不能超出砛石,若超过称为"落丁"。同时两扇门的开启应向内,不能向外,这叫做"开门入",以利招财进宝。厅与厅后房之间间隔左右设置两扇门,一边一个,不得单设,宽大约二尺二,高大约六尺四。

(6)厅前两边厢房的宽度不得超过主房的宽度,一般宽度是到达房门口为止。这样,人不出房门便可看到屋檐的滴水,称为"滴丁",以示房屋的主人可以代代生男孩(即出丁)。屋檐落水口应超出砛石四寸,滴水才不会滴在砛石上。

（7）屋梁的架数（根数）只能是单数，如3、5、7，而桷枝（椽子）只能是双数，以"合"计算，一合为两支。

（8）屋盖的落水坡度一般控制在加三点五度至七度泄水（垂直为十度），但不同部位的坡度不同，最前端为加三点五水，而屋脊边中间为加五水，左右两边为加七水。

（9）屋脊两端的高度应略高于中间，两端采用燕尾形式翘起，过去如有当官人家也可安设"龙吻"。

（10）在架设檩条时，应注意檩头向东。中梁超长部分，锯去时应注意留存，等到房屋完工祭祀时，一起放在祭桌上祭祀，留下的檩头应写上建房用膏尺上的"字"、尺寸等，作技术档案资料存放。

（11）对于屋顶笑槽拍槽（槽岸）的划分也有一定的规定：主厅屋顶正中线一定是笑槽的位置，然后向两边分开，而下厅正中位置一定是拍槽的位置。

（12）屋盖的水平面，以屋中梁为中线分成前后两部分。前部分应高于后部分七至八寸（按滴水点为标高点），即中梁的位置偏前。

（13）地面的水平标高，也因部位的不同，主厅最高，厢房、下落与主厅的落差为九寸左右。护房与主厅的落差大约为五寸。

（14）在确定排水沟的走向和排水口的位置时，也要采用罗盘、罗庚进行牵字，确定方位，选用对主人有"好字"的方位上。但排水沟切不可通过房间。

3. 整栋房屋的施工过程中，自始至终贯穿着民俗色彩，每个关键工序施工之前，均要举行祭祀活动，以求建房顺利进行

（1）开工时日，由神者（巫师）或佛祖看时日称做"看日"。破土动工前应敬奉"土地公"等，再找位生肖好的、有身份的人在要建房屋的地上锄几下，方可动工开始挖地基。

（2）安大砭石、安大门、上中梁时和每月的初二、十六也要敬奉神佛，祭祀"土地公"，以期庇佑。在安大门时，门框上方两边均应挂红布，以示吉利。

（3）整幢房屋完工后，进入房屋时屋主应举行隆重的"入厝"仪式，由屋主看好日期，举行祭祀活动，如敬"天公"、"土地公"等以感谢它们的庇佑。然后由"起厝师"举行上梁散土仪式。上梁是用红布包上"五谷六斋"、剪刀、尺、钱等物，系在中梁上，红布两端要各插"金花"一枝。"散土"则上由木工用新毛笔（称朱笔）沾上鸡血点梁头，下由土工用鸭血点柱脚，石工用鸡血

点大砟石,称"出煞"。屋主还要给工人发放红包。散土时还应在屋脊中间放置"风炉",并点燃"风炉"中的木炭,整座新房子要贴红联。屋主在进入房屋时,把摇篮、轿椅、母鸡、小鸡、镜、米、柴火、清水等搬入新房子,请道士念经,闽南地区把这种活动叫做"谢土"。谢土后才能正式入居新房子。

（4）"下八卦",在住宅难以居住的情况下,用八卦的圆形挂在大门楣上或屋脊上,以求八卦中的阴阳相辅相成,达到避邪去恶的目的。

4. 砌筑炉灶的规定及做法

炉灶的坐向一般与房屋的坐向一致,但灶口不能向北。传统说法是:北监季水,属水;而灶属火,水能克火,不利于屋主。灶的规格一般是四尺宽（以适应四时平安）,三尺高（以合天、地、人三才）,灶口八寸（总纳八方）。在筑灶时,灶的腹下应放置"灯火盏"并点燃,然后盖死,继续砌筑。造灶的时间要在一天内完成。灶砌完后,应敬奉"灶君公"。[①]

四、风水理论对台湾民居建筑的影响

（一）台湾民居建筑的环境观

台湾民居建筑继承中国传统的环境观,体现在人与自然、人与神明、人与人之间的关系上。在人与自然的关系方面,台湾民居建筑常背山面水,坐北朝南,使之风和日丽,所谓向阳门第春光无限。并且每个房间都有窗子,使空气对流。门口有小溪流过,可以洗衣,也可养鸭。建材多就地取材,因地制宜,所以台湾中南部民宅多用鹅卵石与竹材等当地材料。在人与神明的关系方面,四合院的中庭朝天,天降甘霖,滋润土地,正厅门上方悬挂"天公炉",客家民居的天公炉常设在墙外。门有门神,灶有灶神"司命灶君",床有床母神,并有井神,每个空间都有神明护佑。正厅供桌上有祖宗牌位,匾额题"祖德流芳",这些都是敬天法祖的表现。在人与人的关系方面,富贵人家与一般住宅的屋顶不同,官绅阶级的屋顶常作燕尾脊以彰显其地位。住宅里厅堂的门楣最高,表示公共空间位置之尊。住宅内部前后有别,后面多为妇女生活区域,外人不易窥探。古代的大家闺秀有所谓"大门不出,二门不迈"之说,即指这种保护妇女的空间设计。另外住宅里有些窗子故意作比较密的格子,

---

① 张千秋等:《泉州民居》,海风出版社 1996 年版,第 13、14 页。

称为“女婿窗”，因古时男方到女方家说亲时，女方可从这榀密格子的窗子里窥视男子。

经历漫长的封建社会的发展，台湾民居建筑也有不少迷信色彩与民间禁忌的习俗存在。例如，认为奇数属阳，偶数属阴。人们常说天有十三层，地狱有十八层。所以窗格子以奇数为佳，阶梯也以奇数为好。屋顶前后两面长度不同，前为阳坡，短而高；后为阴坡，长而低。因此前面能照到较充足的阳光。前屋檐较弯曲，后屋檐较直，俗称“前弓后箭”。在山墙上的小窗，也略向前偏一点。室内的灯梁除悬挂天公炉外，也悬挂天公灯及宫灯。宫灯成对，被称为新娘灯或新郎灯，表示这家今年有儿子娶新娘。因此，从厅堂上所挂的新娘灯数目即可判断出这家近年娶了几房媳妇。厅堂神案两端翘起，称为翘头案。案上供奉的神明与神位也有规矩。台湾闽南移民的习俗是祖先牌位放右边，神明的放左边，显示神明位尊。客家则不同，其牌位较大，上面写上历代祖先名字，供奉在神案中央。金门的习俗是祖先牌位放左边，神明放右边，显示在住宅中祖先位尊。房屋内部如果屋顶太高，要加半楼，即把木板架在横梁之上，可作为贮物之所。因为屋顶太高，则“气”散。若屋顶太低，则“气”胀，对居家都不好。

再如，大门与灶门不可相对，如果从大门可以看到灶门，那么这个家不会兴旺。从祖先牌位望出去，如果看不到天空也是不好的。如果一栋大宅有围墙门，那么围墙门要略窄于厅堂大门，像葫芦一样，出口小象征不漏财。三合院的左右护室也常向内偏，院子形成外小内大，这也象征聚财。水也是财的象征，所以屋顶坡要向中庭，称为“四水归堂”，象征财流向中央。排水沟的方向有所谓“走七星步”的说法，取细水长流之意。屋檐滴水不能滴在台阶的石砛上，如果石砛常常潮湿，被

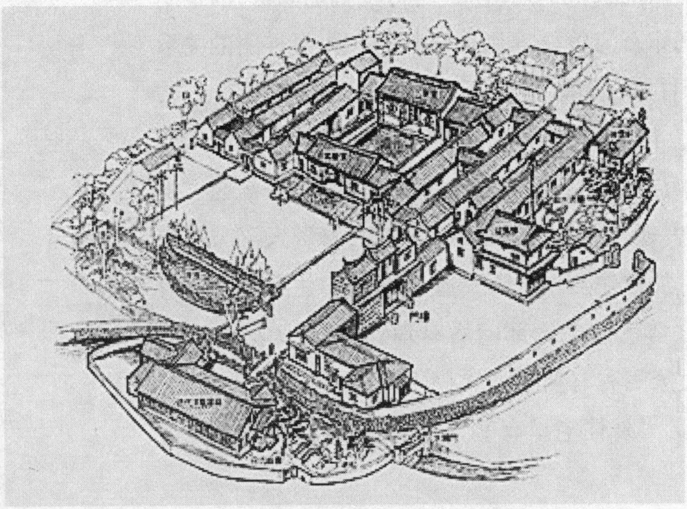

图 3–9　筱云山庄引水、放水示意图

图3-10　民居屋顶上的"日月葫芦"等符号　　　图3-11　民居山墙上"狮咬剑"符号

认为房屋落泪而不吉利。（图3-9）

　　那么如何化解不吉或避凶呢？台湾民居建筑上可以看到墙上花盆种有仙人掌，有刺而具驱邪效果。对着街角或巷口，则安置"泰山石敢当"石牌。台湾嘉南平原的民居建筑，也常在正厅前院安设"刀剑屏"。近年最常见的是在大门门楣上悬挂八卦牌、狮咬剑牌、日月双桃或镜子。在金门的家祠上常可见到"家刀"（剪刀）及花瓶的图形，取其谐音家家平安，为众祈福。台湾寺庙经常见到"旗"、"球"、"戟"、"磬"，取其谐音"祈求吉庆"，这些都是趋吉避凶的做法。[①]（图3-10、3-11、3-12、3-13）

图3-12　金门风狮爷

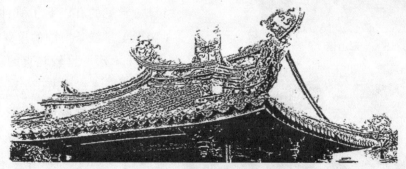

图3-13　台湾建筑的"祈求吉庆"屋脊（李乾郎　摄）

---

　　① 李乾朗：《台湾古建筑与风水禁忌》，见《台湾传统建筑匠艺二辑》，台北：燕楼古建筑出版社1999年版，第97～99页。

（二）山墙的"金、木、水、火、土"五行

闽南、粤东与台湾的民居建筑都有山墙五行象征手法运用的共同传统。除了官家大宅喜用飞扬起翘的燕尾脊之外，一般民居建筑多使用马背山墙。马背就是在山墙顶端的鼓起，它与前后屋坡的垂脊相连。泥水匠在建造民居山墙时，认为是建成了一座山，而山形有所谓龙脉，与五行风水之说顺理成章地结合起来。山墙的形态构成风水上所谓的屋形，屋形再分为金、木、水、火、土等五行的象征，在同一座建筑里可使用上

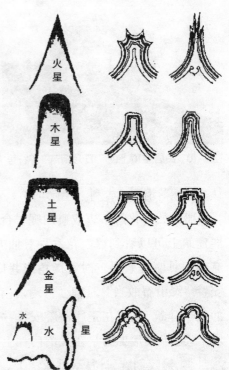

图3-14 风水中建筑与五行对应关系

述不同的五行。据风水书中对五行图案的描述：金形圆、木形直、水形曲、火形锐、土形方（图3-14）。将马背形状附和五行的说法，常见的有以下几种：圆形（金形）呈线条滑顺的单弧状；直形（木形）呈较陡直的单弧状；曲形（水形）由三个圆弧构成，有如水波般起伏；锐形（火形）由多个反曲线形成，有如燃烧的火焰；方形（土形）顶部呈平头状。据此对山墙鹅头的五行造型做了定位，确定单弧形

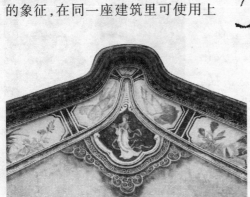

图3-15 金形山墙

图3-16 木形山墙

为"金"(图 3-15);高耸圆弧或
多边形为"木"(图 3-16);多弧
形及各种曲线变化为"水"(图
3-17);尖角形或燕尾形为"火"
(图 3-18);切平顶的为"土"(图
3-19)。

李乾朗根据对台湾上百座
建筑的实例统计得出结论:同
一座建筑之中,多应用"相生"
的两组五行造型。如,主屋为
"金",次屋或轩则为"土";主屋
为"水",次屋或轩则为"土";
主屋为"木",次屋或轩则为
"土";主屋为"金",次屋或轩则
为"水";主屋为"木",次屋或
轩则为"水";主屋为"火",次
屋或轩则为"木"。这种相生关
系,符合了中国传统的求吉趋吉
的人生哲学,因而广受重视。

图 3-17 水形山墙

图 3-18 火形山墙

在五行之中的相生或相克
关系中,可细分为"生入""生
出"或"克入""克出"以及"相
等"的关系。"金生水"对水而
言属"生入",属吉;对金而言,
属"生出",不吉。"土生金"对

图 3-19 土形山墙

土而言,金属"生出",不吉;对金而言,土属"生入",吉。"水克火"对水而
言,火属"克出",属吉;对火而言,水为"克入",不吉。"木生火"对木而言,
火属"生出",不吉;对火而言,木为"生入",属吉。"火生土"对火而言,土
属"生出",不吉;对土而言,火为"生入",属吉。屋顶山墙的五行以相生为
佳。例如正堂方位坐"水",那么山墙可用"金","金"生"水"为吉;若坐

东,即坐"木",山墙可用"土","土"生"木"为吉。

依据上述的吉利关系,一座坐北朝南的建筑,北为水,南为火,因"水克火",对水而言,火被"克出",属吉,正身使用火形及水形山墙。坐东朝西的建筑,东为木,西为金,因"金克木",对金而言,木被"克出",属吉,正身使用木形与金形山墙。坐西朝东的建筑,西为金,东为木,因"金克木",对金而言,木被"克出",属吉,正身可使用金形及木形的山墙。①

---

① 李乾朗:《山墙鹅头之五行象征》,《台湾传统建筑匠艺四辑》,台北:燕楼古建筑出版社 2001年版,第 64 页。

第四章 闽台民居建筑的类型与流派

闽台民居建筑型制的主要要素分为厅堂、住房和庭院三种空间模式。这三种空间模式的排列、组合和变化,满足了人们不同的生活方式、习俗制度、社会文化要求的需要,使得闽台民居建筑类型众多、形态各异、丰富多彩。福建汉人民居建筑的主要类型有:一明两暗、三合天井、四合中庭、方圆土楼、土堡围屋和竹筒屋。台湾汉人民居建筑主要类型有:一条龙式、单伸手式、三合院式、四合院式、多护龙式、多院落式和街屋式。比较两岸民居建筑,台湾民居建筑并没有特别的类型,它的平面布局几乎是闽粤民居建筑的移植,其设计思想、平面布局、造型处理、细部构造及装饰手法上仍承续中国传统建筑文化。其建筑流派可分为闽南派(泉州派、漳州派)、客家派,个别的还有潮州派和福州派。

在秦汉之前,闽越人的主要居住形式是干栏建筑。《北史·蛮獠传》说:"依树积木,人居其上,名曰干栏。"《新唐书·南平僚传》说:南方"土气多瘴疠,山有毒草及沙虱蝮蛇,人并楼居,登梯而上,号为干栏"。随着北方汉文化的南移,干栏建筑被其他类型的建筑所取代,逐渐在东南消失。目前保留干栏建筑实例的只有我国西南少数民族(如傣、壮、侗、苗、瑶等民族)聚居的地区,主要分布在云、贵、桂、湘等省份。

由于历史的流变,中原文化逐渐进入闽海地区,并成为主导文化,使该地区文化在原有百越文化因素中融入了中原地区的儒家文化因素,成为中原传统文化与地域性多种文化的复合体。在建筑构造形式上,既有北方地区抬梁式木构架形式,又有南方地区穿斗式木构架体系。许多中原地区已经失传的构架和构造做法在这里得到延续。在建筑平面布局上,既有传统中原建筑文化特征的三合院、四合院布局形式,又有护厝、排屋、土楼、土堡、竹筒屋等有地区建筑文化特色的布局形式,呈现出多元建筑文化并存的现象。

　　比较闽海系建筑形式与其他建筑形式,可以发现这样的现象:西洋建筑外向、开放,闽海建筑的内向、封闭,客家土楼向心、内聚,不同的文化呈现出不同的建筑现象。(图4-1)而且由于地域、文化、环境和气候的不同,使得

  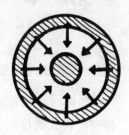

闽海建筑——内向、封闭　　西洋建筑——外向、开放　　客家土楼——向心、内聚

图4-1　闽海系建筑形式与其他建筑形式比较

南北建筑差异较大,如北方是"围"出的庭院,南方是"挖"出的天井。(图4-2)由于南北气候的差异,东西文化的差异,地域文化的差异,形成了闽海民居建筑文化特有的表现形式。

北方　　　　　　　　南方

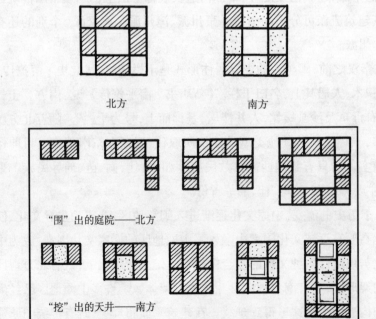

"围"出的庭院——北方

"挖"出的天井——南方

图4-2　形成合院建筑的两种不同途径(录自《闽粤民宅》)

第一节　闽台民居建筑类型构成的要素

　　在传统聚落中,从小家庭到宗族的组织关系和形态结构都决定着住宅的发展和形态。因此民居的空间组织、空间使用和空间构成均受到聚落生活和人们日常习俗的制约,必须有一个与之相适应的建筑形态,其形成的建筑空间也表现出共同的、普遍的模式。民居建筑最为基本的平面格局是"一明两暗",也就是《明会典》中"庶民所居房舍,不过三间五架"。这种"一明两暗"三开间平面布局至今仍然是乡村小户人家普遍采用的住宅模式。若将它视为一个基本单元进行扩展和重复,便可形成各种不同类型及用途的住宅。

　　构成民居建筑类型的主要要素可分为厅堂、住房和庭院三种空间模式。

一、厅堂

　　在任何一种住宅形式中,在中轴线的正中都要安排一个空间完整的厅堂。该厅堂是家族议事、会客、婚嫁、丧葬、祭祀祖先等仪式举行的场所,也是特定时空条件下权力关系、经济关系、宗教关系、亲族关系及其他社交关系展示的空间场所。为配合这些活动,通常厅堂前的天井庭院也共同承担这些空间组织功能。从社会意义讲,中厅或中堂在空间组织和构成中的作用和地位犹如族长在一族中的作用和地位,其等级秩序永远居于首位。所以主厅堂必定成为主轴线上规模最宏大、空间最高敞、装饰最华丽的空间。在大型宅第中,则有多厅堂组合或并列数条轴线,形成多院落的宅第。厅堂可按用途和位置

图 4-3　晋江施琅故居的厅堂

分为前厅（下厅）、正厅（大厅、中厅）、后厅、花厅、左右侧厅、顶厅、佛厅、祖堂及客厅（书轩）等。

厅堂也是集中体现传统文化和主人文化素养的一个场所。它可以集中显示主人的社会地位、经济财力、文化教养等，并将当地的风俗、习惯、文化、信仰、荣誉、财富统统堆集在其中，因此是全宅装饰的重点。如在梁枋、椽头、托拱、匾额、门窗、屏风、格扇、雀替、柱础及其室内家具陈设上，尽力地加以装饰，甚至到了奢华的程度。主厅通常采用抬梁式构架，有的地区也采用穿斗式构架与抬梁式构架混合的梁架形式。厅堂的开间尺寸有一定的规律性，如果中轴线上有三进以上厅堂，往往中厅等级最高，开间也最大。厅堂前后一般设樘门，樘门和侧厅的门扇在家族仪式中可以自由拆卸，使各厅堂连成一体，形成可通可隔、可拆可卸的半封闭、半开敞空间，以满足家族举行大型活动的需要。（图4-3）

二、住房

民居内的众多住房围绕主厅堂分布在整个宅院内，是宅院中最基本、最必要的建筑类型。住房与厅堂的关系也反映一定的等级关系，要严格地按照家族的辈分、尊卑分配使用住房，有大房、后房、榉头房、下落房、角间房、护厝房、埕头房等之分。主厅堂东侧是上大房，住大儿子；主厅堂西侧是上二房，住二儿子；上大房的东侧是左边房，住五儿子；上房的西侧是右边房，住六儿子。东榉头间住祖父

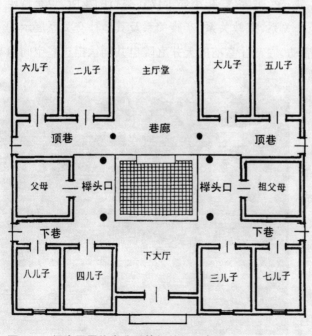

图4-4　闽南民居住房分配等级关系示意图

母,西榉头间住父母。与上大厅对应的是下大厅,也是门厅。门厅东侧房叫下房,住三儿子;西侧房也叫下房,住四儿子。东西下房各有一个角房,东角房住七儿子,西角房住八儿子（图4-4）。女儿、佣人分别住后面及两侧的院落。大房置于主厅两侧,因此用地面积和室内空间比其他住房大,房内用木板隔成阁楼,用来存放杂物。泉州地区民居在两边大房的房门前设有屏步间,外围用花格窗扇隔离,是妇女在房内的活动空间。没有设屏步间的房门外都得挂上竹簾,房间光线暗,房外光线亮,生人在外面不易看到房内人的活动情

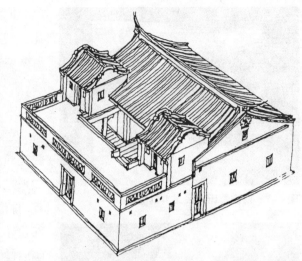

图4-5　同安民居的榉头楼

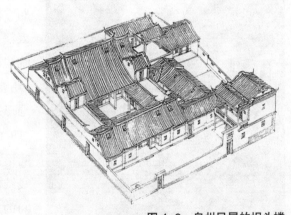

图4-6　泉州民居的埕头楼

况。除了厅堂左右外,围绕着中间厅堂庭院还分布了一些护厝房（也称护屋、横屋或后包屋）,是给辈分较低的人或佣人居住的房间。有些护厝房还形成连排式组合,形成类似"一明两暗"式的三间一组。中间一间称"花厅"或厝房,两侧为住房。护厝可以是主屋的附属用房,也可以是一组独立的院落,内部也可设厅堂、住舍、厨房、饭厅和杂物用房。有些地区还将护厝局部建成二层,称为"护厝楼",使之成为一个独立的院落空间。"护厝楼"根据部位的不同,建在榉头间称为"榉头楼"（图4-5）,建在厝后两侧称为"角楼"或"小姐楼""梳妆楼",建在埕头的称为"埕头楼"（图4-6）。这种独立的院落空

图4-7 南安蔡氏古民居群的 庭院

图4-8 南安中宪第的侧庭院

间,使整座建筑外轮廓线富有变化,生活气息浓郁。护厝楼还起着防盗、瞭望的作用。

三、庭院

庭院(也称天井)在南方合院建筑中有着极其重要的作用,如采光、通风、遮阳、拔气、种植花卉、排泄雨水等。根据它所处的部位不同分为前庭院、后庭院、侧庭院、花厅庭院、护厝庭院等。在三合院式的建筑中,民间忌两厢"伸手长",所以庭院不宜做得太深。在四合院式的建筑中,庭院一般宜方正,这是受到民间的"明堂"之说的影响。在这种布局形式中,为配合庭院,往往采取"四厅相向"的格局,形成十字空间形态,因此出现了十字空间轴线结构。庭院又是房屋与房屋之间的过渡空间,要尽可能进行美化,如在庭院中设石桌、石椅,摆上花卉、盆景供人观赏。在泉州民俗中,庭院俯瞰像一个大斗。斗是古代量五谷的工具,人们祈望年年五谷丰登、财源茂盛,五谷大斗小斗进屋来。(图4-7、4-8)

上述三种主要构成要素的不同排列、组合和变化,满足了人们不同的生活方式、习俗制度、社会文化要求的需要,使得闽台民居建筑类型众多、形态各异、丰富多彩。

第二节　福建汉人民居建筑的主要类型

归纳福建汉人民居建筑常见的类型,大致有六种建筑基本单元,即"一明二暗"型、"四合中庭"型、"三合天井"型、"方圆土楼"型、"土堡围屋"型和"竹筒屋"型。(图4-9)

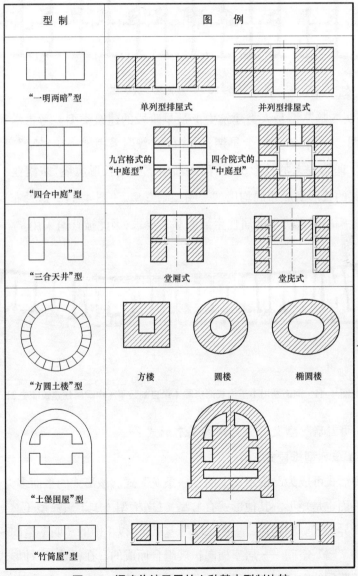

型　制	图　例		
"一明两暗"型	单列型排屋式	并列型排屋式	
"四合中庭"型	九宫格式的"中庭型"	四合院式的"中庭型"	
"三合天井"型	堂厢式	堂庑式	
"方圆土楼"型	方楼	圆楼	椭圆楼
"土堡围屋"型			
"竹筒屋"型			

图4-9　福建传统民居的六种基本型制比较

一、"一明二暗"型

这是最基本的类型，只有正堂、左右房。其平面为正房一间、边房两间或四间，组成三开间或五开间。正堂为五架进深（也称五檩式）。该类型也称"一条龙"式，当人口增加时，可向左右延伸至九间或十一开间。（图4-10）

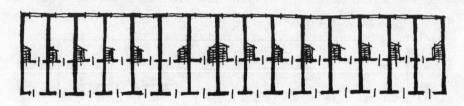

图4-10 "一条龙"式民居

"一明二暗"型是人类建筑史上最早阶段的建筑类型。考古学和人类学资料证明，人类在农业社会早期，居住模式普遍采用"一明二暗"型及其衍化形式。印第安人的长形房屋、河南淅川下王岗长形房屋、东南亚一带诸多少数民族的长形房屋布局均属"一明二暗"型。（图4-11）这种布局模式较为简便地解决了人类早期居住生活的基本要求，因此被普遍采用。

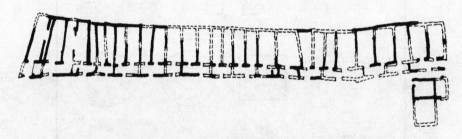

图4-11 河南淅川下王岗长形房屋（录自刘致平《中国居住建筑简史》）

"一明二暗"型又可分为两种基本形式：

（一）单列型排屋式

这种形式可成为严格意义上的"一条龙"式。该形式的平面多为长条形，居室的平面也是矩形。其他形式有L型（L）、槽型（凵）、弧型（⌒），是长方形的变异形式。它是在"一明二暗"基础上，以正中的"明"空间——堂屋和两侧的"暗"空间——居室横向扩展组合而成的。在福建，这种形式主要分布在比较落后的山区，"三堂两横"的合院建筑中的"护厝"也采用这种形式。

（二）并列型排屋式

这种形式是"一明二暗"模式衍化而成的另一类型。即每个开间有两个分别从前后入口的房间。厅堂居中,以屏门分隔为前后两部分。居室同样分隔为前后两部分,并分别从前后走廊进出。这种形式平面形状多为长条形,单个开间平面为矩形。通常设在主厅堂两侧的护厝。它的优点是进深较大,较节约用地;缺点是房间通风不畅,采光也较差。

二、"四合中庭"型

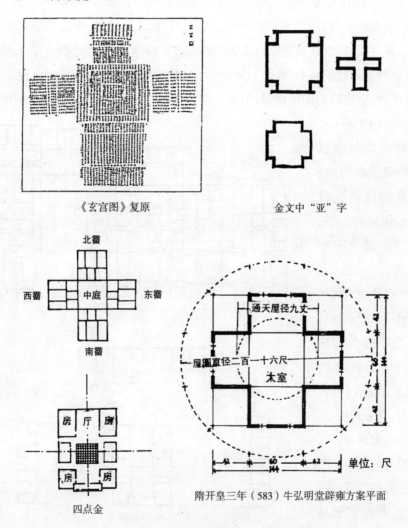

《玄宫图》复原　　　　金文中"亚"字

四点金

隋开皇三年（583）牛弘明堂辟雍方案平面

图4-12　中庭型模式与古代宗庙、明堂等型制比较

　　这是闽南、粤东普遍存在和最具有代表性的一种建筑模式。闽南潮汕一带称之为"四点金"。"四点金"空间结构的最大特点是以中庭为中心,上下左右四厅相向,形成一个十字轴空间结构。这是与北方"四合院"最明显的不同之处。从历史学和考古学的角度来看,这种建筑模式是中原建筑古老型制的遗存。

　　刘致平在《云南一颗印》一文中指出,我国建筑常用布置式样有二:①九室式;②五室式。刘先生认为北方四合院为五室式,南方天井民居为九室式。1926年在汉代长安故址之南发掘了一座汉代礼制建筑——明堂的遗址,中心为一大夯土台,四周为东、西、南、北四向对称的堂室建筑,平面为亚(亞)字形。在古代,明堂是君王祭祖祭天和颁布政令的地方,亚字形四边象征东、南、西、北四至。君王居中,象征上通天堂下抚四方的权威。王国维先生说:"古宗庙、明堂、宫寝皆为四屋相对,中涵一庭或一室",并为此拟定了最初的明堂、宗庙图。(图4-12)这种古老的建筑型制居然在闽南、粤东地区得到普遍的保留和发展,不能不说是一个奇迹。

　　这种型制的平面格局是以正方形为基础的九宫格式,中央为庭院,四正为厅堂,四维为正房,形成田字形中心对称格局。这种模式的纵向扩展是三座落(或五座落),横向扩展是五间过(或七间

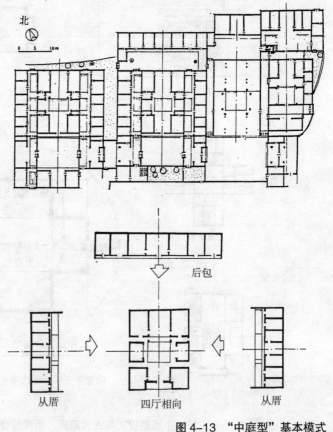

图4-13 "中庭型"基本模式

过、九间过），以此为基型可以组合出多种平面形式。但无论如何扩展，均保持以中庭为核心的纵横两条轴线。（图4-13）

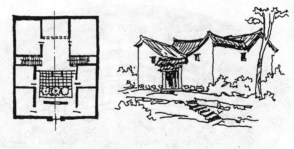

云南"一颗印"民居

三、"三合天井"型（三间两廊）

这是南方普遍存在着的一种平面布局形式。这种"三合天井"型最典型的例子是云南的一颗印住宅，江西、皖南、湖南一带

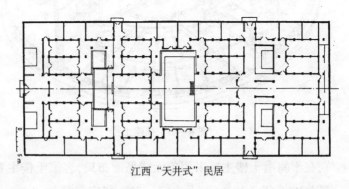

江西"天井式"民居

图4-14　"三合天井"式民居

的天井式住宅。（图4-14）这种布局形式在闽台各地也大量存在。"三合天井"型可以分为堂庑式、堂厢式两大基型。

"堂庑式"布局模式是正房三间居中，左右为纵向组合的单列型排屋（庑），正房和庑围成一个三合院。我们可以从汉唐时代的建筑资料甚至更早的西周时代建筑史料中了解到这种古老型制。

"堂厢式"布局模式是在"一明二暗"的三间正房前面的两侧配以附属的厢房或两廊，围合成一个三合天井型庭院（俗称三间两廊）。

四、"方圆土楼"型

这是闽南、闽西南山区的一种奇特的建筑形式。这种以满足家族聚落群居和良好的防御功能需要来安排建筑的规模，采用夯土墙与穿斗式木构架共同承重的两层以上封闭式围合型大型民居建筑，学术界称之为"福建土楼"。以圆形土楼、方形土楼为主，还有府第式土楼（又称五凤楼）等形状。福建

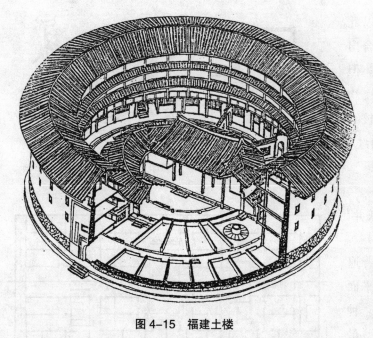

土楼可分为闽南土楼和客家土楼两大类型。闽南土楼分布于闽海人居住的漳州、泉州等地区,客家土楼分布于客家人居住的永定、南靖、平和、诏安等地区。两者在外观造型上有许多相似之处,最大的差

图4-15　福建土楼

别在于闽南土楼主要采用单元式平面布局,客家土楼主要采用通廊式平面布局。2008年7月7日,由永定、南靖、华安三县的"六群四楼"46座土楼组成的福建土楼作为世界文化遗产,列入《世界遗产名录》。(图4-15)

五、"土堡围屋"型

这是福建省中部山区一种特殊的建筑形式。土堡围屋是由四周极其厚实的夯石生土"城堡"环绕着中心合院式民居组合而成,它的渊源可以追溯到汉代的坞堡(图4-16)。有的文章把它与客家土楼混为一谈。应该说,它既

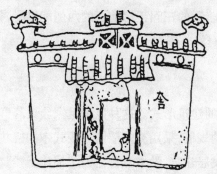

图4-16　汉代坞堡

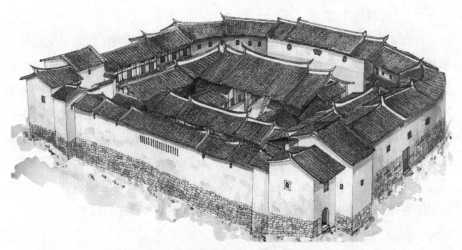

图 4-17 芳联堡鸟瞰图（王其钧绘）

与客家土楼有相似之处，又有异于客家土楼，是围廊式土楼和院落式民居的综合，两者之间的分工和融合达到了高度的统一（图 4-17）。仔细分析起来，土堡围屋与福建土楼之间存在着平面布局、外观形式、结构形式上的差异。下表列出了它们之间的异同之处（表 4-1）。

表 4-1 福建土堡与福建土楼异同比较

	福建土堡	福建土楼
相异点	建筑层数仅为两层 建筑平面为方形或前方后圆形 外墙底层为夯石，二层夯土 外圈环楼与内部院落式民居组合 外墙夯石厚达 4 米 外墙枪眼与角楼共同防卫 生活起居位于合院内部 出檐一般 1～2 米 有形状各异、位置有别的各类 小型庭院	建筑层数 2～5 层 建筑平面为圆形、方形或椭圆形 外墙全部为夯土，勒角为鹅卵石 单环楼或多环楼组合 外墙夯土 1～2 米 只设枪眼防卫 生活起居位于外圈环楼 出檐极大 2～3 米 通常有大的内广场庭院
相同点	通常只设一个大门，门上设水槽以阻火攻 内院设水井，楼内设谷仓便于长期固守 聚族而居，楼内设祖堂 严格的中轴对称，强调宗法观念	

六、"竹筒屋"型

竹筒屋在闽南一带也称"手巾寮"、"竹竿厝",即单开间民居向纵向延伸呈带状式的建筑形式。它的平面特点是面宽较窄,约3~4米。进深视地形长短而定,短则7~8米,长则20余米。形成此类平面的主要原因是,沿海地区人多地少,地价昂贵,城市居民住宅用地只能向纵深发展。同时,当地的气候炎热潮湿,竹筒屋的通风、采光、排水、交通可以依靠开敞的厅堂和天井、廊道得到解决。竹筒屋的布局由门厅、天井、正厅、厅后房、小天井、大房、后房、厨房、后尾或后落组成,后落有的设有庭院。有二落、三落甚至四落进深,宅内有一条前后联系的巷路。这种小型民居结构简单,装修也很简洁。(图4-18)

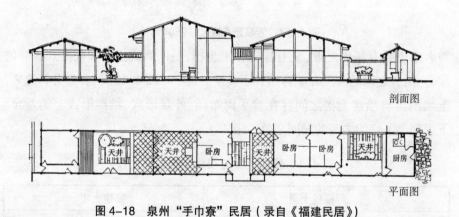

剖面图

平面图

图4-18 泉州"手巾寮"民居(录自《福建民居》)

另一种竹筒屋前面沿街市,后面沿溪岸,成"前店后溪"之势,如泉州鲤城五堡街,利用临街设店、设作坊,后面作水上货物运输,使用极为方便。

第三节 台湾汉人民居建筑的主要类型

台湾民居建筑的布局有许多形式,从最简单的"一条龙"到多院落、多护龙的大厝,其规模按家族的繁衍状况、经济能力及社会地位而定。一般人家多采用渐进式的扩建,而有雄厚经济能力的家族通常在兴建之初就规划妥当了。台湾汉人民居建筑的平面布局几乎都是闽粤传统民居建筑的移植。台湾清代社会仍保存浓厚的封建色彩,因此民居建筑的平面多倾向于中轴对称、左右均衡布局。台湾汉人民居建筑较常见的平面类型有以下几种（图4-19）：

一、一条龙式

这是最基本的形式。形状如"一"字形，只有正身，包括正堂、左右房及边间的灶房、柴房等。屋顶以中央正堂最高，两侧依次下降。室内设廊道，可贯通各房间。最小的面宽只有三开间，人口较少的家庭常采用。当人丁增加时，可左右延长，或者加建厢房，台湾称之为"护龙"或"护室"。也有面宽至九开间或十一开间的一条龙，特别是在山区，这是因为正身前方面积太小，只能向两侧扩建所致。（图4-20）

二、单伸手式

形状如"L"形。闽南人习惯称护龙为"伸手"，客家人则称"横屋"。单伸手只有单边护龙，常常是地形限制或向三合院的过渡形式。因其形状如"L"，称为"曲尺形"民居。因像汲水用的摇杆，又称"辘轳把"。需扩建时通常从俗称"大边"的左边先

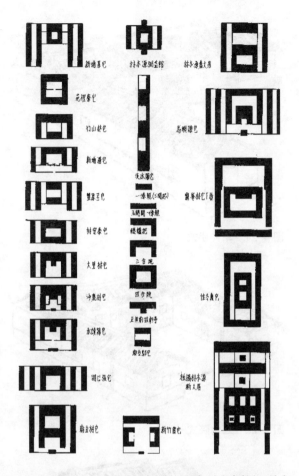

图 4-19　台湾民居的主要类型（李乾朗 绘）

图 4-20　一条龙式

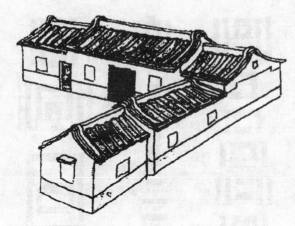

图 4-21　单伸手式

加建,但有时也依照周围的面积来决定。(图 4-21)

三、三合院式

形状如"┌┐"形。台湾俗称"正身带护龙"或"大厝身、双护龙",即正身左右均兴建护龙,形成一个围护的院落空间。有的前方建围墙或设门楼,以别内外。这种类型在台湾数量最多,多出现于农村,前院可兼作晒谷场。室内靠近院子的墙内常设廊道,晚上关门之后,各房间及正堂仍可相通。(图 4-22)

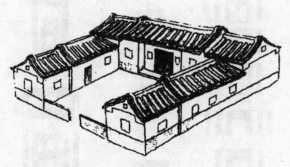

图 4-22　三合院式

四、四合院式

形状如"口"字形。台湾俗称为"两落带护龙",即以前后两进及左右两护龙围出一个较封闭的内埕。其格局较宽大,且空间组织严密,内外有别。比较讲究防御的四合院大宅,甚至在墙体内再设一圈廊

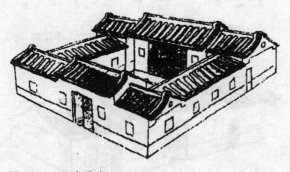

图 4-23　四合院式

道,壁上辟枪眼,可以射击来犯者,例如台北的林安泰古宅。四合院与三合院都是台湾民居建筑的常见形式,但因四合院的规模较大,较具私密性,为官绅或富商地主所喜用。(图 4-23)

五、多护龙式

通常农宅的扩建不是增加进深，而是增列护龙。当人丁兴旺，空间不够使用时，可在三合院或四合院左右两侧加建数列护龙，通常外护龙要比内护龙长。规模大的左右多达十数条护龙，各护龙有独

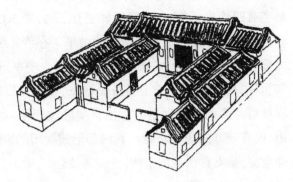

图 4-24 多护龙式

自的天井和过水门。辈分较高者住在靠近正身中央，血统较疏远的旁支只能居于外侧。虽然居住的人口很多，但它的优点是居住成员不必通过中间大门，可直接从护龙之间的"过水门"进出，很是方便。多护龙合院式民居要具备土地宽广的条件。这种民居尤以客家地区为盛，在新竹的新埔、枋寮及关西一带，可以见到左右各有三列护龙的实例。在各护龙之间，为了内部交通，狭长的侧院中常建凉亭，称为"过水亭"，作为夏日纳凉及作息的场所。侧院中凿井，供应厨房饮用。台湾中部彰化马兴的陈益源大宅是这类多护龙合院的典型代表。（图 4-24）

六、多院落式

大宅以合院为基本格局，作纵向及横向发展，进深至少三进。这种民居多是地方望族或在清代获得官衔者阖族而居的大型宅第。俗语说"大厝九包五，三落百二门"，意即总面宽共九开间，包护着第一进中央五开间的门厅；前后共有三落，房间很多，光是门窗就有 120 个，这就是"三落两廊两护室"的深宅大院。板桥林宅有三落及五落大宅，新竹郑进士第有三落，台中雾峰

图 4-25 多院落式

林宅有四落及五落,台南麻豆林宅有三落,屏东佳冬萧宅有五落。多达四落或五落的大宅常常是多年增建的结果。在清光绪十一年(1885)台湾建省之前,士子要远赴省城福州或京师应考。中举的官宅可在门前设立旗杆座和旗杆,代表举人或进士的身份地位,特称"旗杆厝"。现台湾还保留不少旗杆厝。多院落大厝平时进出常须经过门厅,不如横向发展的农宅来得自由,但有较好的防御功能。其内部形成封闭的家族社会,越内侧的院落私密性愈高,是女眷活动的空间。(图4-25)

七、街屋式

即店屋式,沿商业街道所建造的民居。它的特色是各家共用墙体,平面只有一间宽,约一丈六尺或一丈八尺。但是进深很长,可多达三进或四进以上。因此匠师称之为"手巾寮",意即很狭长。街屋因临街,前厅作生意,后边住家,为了增加使用面积,常建起楼房,或作夹层,称做半楼,作为储藏室或卧室。(图4-26)

以上七种是台湾传统民居建筑常见的主要类型。也有极少数特殊者,如客家地区高雄六堆一带出现类似粤东梅州的围垅屋建筑,嘉义地区有少数楼阁式三合院建筑,但不典型。

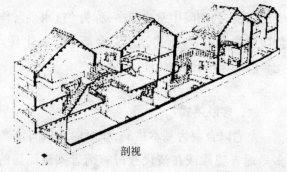

剖视

图4-26　街屋式

台湾汉人传统民居建筑的平面布局,大多可以在闽南找到相同或相近的例子。但是台湾所拥有的民居建筑类型比闽粤少,空间变化也不如闽粤民居建筑丰富。这主要与以下原因有关:

其一,台湾为移民社会。当人们事业有成,家族兴盛之后,更加怀念其祖籍民居建筑形式,以聘请祖籍匠师来台湾建造房屋为荣,因而其建筑布局、立面形式沿用原祖籍地民居建筑的平面布局、空间形式就不足为奇了。

其二,台湾在开拓过程中,草莽先驱多于耕读世家,文风远不如漳泉鼎盛。而且清代台湾社会的人们为了争夺生存空间,继承了原祖籍地漳泉一带的陋习,宗族械斗频繁,民居建筑只注重防御,不重视空间变化。

其三,台湾开拓时间只有二三百年,尚无条件形成庞大的血缘聚落,巨大的宅第比祖籍地要少一些。

其四,台湾的建筑材料多来自闽南,因受到船运的限制,巨大的木、石等建筑材料不容易取得,也影响到民居建筑类型未能多样化。

其五,台湾的民居建筑继承了闽粤民居建筑的基本型,但强化了装饰与色彩。闽粤有一些较特殊的建筑类型并未传入,如闽西、闽南、粤东大量出现的圆楼、方楼、围垅屋等建筑形式,台湾尚未出现。

其六,闽南、粤东是我国著名侨乡,受到东南亚传来的西方建筑形式的影响,清末民初出现了不少中西合璧的民居建筑。此时台湾处于日本殖民统治时期,受到东洋建筑形式的影响,两地近代建筑有着不同的形式和风格。

如果将台湾民居建筑与闽粤民居建筑做比较,我们可以发现,台湾民居建筑的形态并没有独创出特别的类型。事实上一直到今天,台湾的汉人仍保存着古老中原文化的语音、习俗和宗教信仰,台湾人的生活方式直接反映到居住建筑文化上。因此台湾民居建筑在建筑思想、平面布局、造型处理、细部构造及装饰手法上仍承继着中国古老的传统文化,不可能有太大的突破。但在建筑材料、防震防风等技术性的处理方面,却保持自己的特色。①

第四节 台湾民居建筑的流派

一、台湾民间匠师来自闽粤

清代台湾的建筑材料与技术多仰赖闽粤,台湾的寺庙和富商地主大宅的建筑材料都是从闽粤运送来的,工匠也从大陆聘请,匠师中以泉州的木匠师和漳州的泥水师居多。来自闽粤的师傅为人们所器重,各地多把聘请闽粤师傅为自家建屋视为荣耀之事。来自泉州、漳州、客家的移民常聘请各自祖籍地的匠师建房,即泉籍移民聘请泉籍匠师,漳籍移民聘请漳籍匠师,客籍移民

① 李乾朗:《台湾民居及研究方向》,见黄浩主编《中国传统民居与文化》第四辑,中国建筑工业出版社 1996 年版,第 8 页。

聘请客籍匠师。在台湾各地形成居民祖籍与建筑风格互相对应的关系。因此考察台湾民居建筑，往往可以从移民的原籍看出其建筑风格的差异，相反也可以从建筑风格判断其移民开拓史。如：宜兰地区多漳州派建筑，台北地区漳泉客多派混杂，桃园地区多漳州派与客家派，新竹多泉州派，竹东与苗栗多客家派，台中多漳州派与客家派，鹿港多泉州派，彰化是漳州派与客家派并存，嘉南平原是泉州派、漳州派并存，高雄与屏东一带则泉州、漳州、客家各派交错。[①]

据台湾文化大学李乾朗调查，清光绪之后至 20 世纪初仍有不少漳、泉名匠应聘抵台。主要的有：

大木作匠师——王益顺、王树发、王妈带（泉州惠安溪底），蓝木（粤东潮州）。

雕花木匠——杨秀屿、黄良（泉州）。

石匠师——蒋文山、蒋栋材、蒋连德、蒋细来、张火广（泉州惠安）。

泥水匠——廖伍（泉州安溪）。

泥塑、剪粘——柯训（泉州同安），洪坤福（厦门），苏阳水（泉州晋江），何金龙（粤东汕头）。

彩绘师——邱玉坡（粤东梅县），方阿昌（浙江温州）。

各派匠师在台湾修建的具有代表性的建筑如下：

闽东（福州府）——台中雾峰林宅宫保第花厅（福州匠师）。

闽南（泉州府）——鹿港龙山寺（主要为晋江、惠安、南安三邑移民建，祀观世音娘娘）。

闽南（同安县）——台北大龙峒保安宫（同安移民建，祀保生大帝）。

闽南（安溪县）——台北艋舺清水岩（安溪移民建，祀清水祖师）。

闽南（漳州府）——彰化威惠宫（漳州移民建，祀开漳圣王陈元光）。

闽西（汀州府）——淡水鄞山寺（永定移民建，祀定光大佛）。

粤东（潮州府）——台南三山国王庙（潮汕移民建，祀三山国王、韩文公与妈祖）。

粤东（嘉应州）——新庄三山国王庙（粤东移民合建，祀三山国王）。

---

① 李乾朗：《台湾的闽南式建筑之特征》，《台湾传统建筑匠艺》，台北：燕楼古建筑出版社 1995 年版，第 30 页。

二、泉州、漳州、客家各派建筑的区别

台湾的民居建筑虽都源于闽粤,但闽粤各地因语言、环境、风俗的不同,建筑形式也有所差异。台湾的民居建筑风格大致反映着移民祖籍地的建筑特色,但也有聘用外乡匠师的例子,或出现相互吸取技艺的混合风格。泉州三邑移民比较保守,固守原籍建筑特色,建筑风格较少带有外地色彩。同安、漳州因与客家地缘相近,建筑偶有混建的情形。也有少数特殊的例子,如台中雾峰林家祖籍为漳州,在光绪年间建花厅时,因主人林朝栋与福州人关系较深,就聘请了福州匠师。另外因客家匠师比较刻苦耐劳,工资也较低廉,所以也有闽南籍移民聘请粤东匠师。再有光绪年间,首任台湾巡抚刘铭传是安徽人,所建的衙门及军装局采用江南建筑形式,首次在台湾使用了马头山墙。到了20世纪初日本人占领台湾时期,常见漳、泉、粤东建筑形式多样混合,也有各派匠师为了承建工程而互斗手艺,如北港朝天宫和台北孔庙。1949年之后,随着国民党政府的败退台湾,各省新移民大量进入台湾,北方宫殿建筑形式融入台湾,产生了建筑大融合的现象。[①]

（一）闽南派建筑特色

闽南派建筑是台湾最常见的建筑形式,它强调屋脊及屋面的曲线,但屋檐较平缓,至两端略为起翘,木屋架的桁梁及短柱多为圆形断面,外墙及屋面采用闽南的红砖及红瓦,在阳光下特别显得红艳。(图4-27、4-28)

图4-27 闽南的红砖建筑

---

① 李乾朗:《台湾的闽南式建筑之特征》,《台湾传统建筑匠艺》,台北:燕楼古建筑出版社1995年版,第31页。

闽南红砖　屋檐末端－略为起翘　　　　闽南红瓦　　　强调屋脊曲线

图 4-28　台湾闽南派建筑

同为闽南地区的泉州与漳州建筑,也有风格、流派上的差别。不过在外观上不易察觉,主要表现在大木结构的形式及细节。

　　泉州派建筑:用料修长,瓜筒多呈瘦长的木瓜形,叠斗、束及束随的数量较少,整体显得疏朗而典雅。(图 4-29)

图 4-29　泉州派建筑梁架

图 4-30 漳州派建筑梁架

　　漳州派建筑:用料粗壮,瓜筒多呈圆肥的金瓜形,叠斗、束及束随的数量较多,整体显得紧密而壮实。(图 4-30)

　　泉州派与漳州派建筑大木结构的形式及细节详见下表(表 4-2)。

表 4-2　泉州派与漳州派建筑大木结构的差异

构件　　派别	泉州派建筑	漳州派建筑
柱	用料较修长	用料较粗壮，梭柱收分明显
梁	断面多用圆形，用料较小	断面使用圆或方形，用料较大
步口通梁	梁头止于吊筒，外以木雕封套	梁头常伸出吊筒，并雕以龙头
束木（月梁）	月梁作肥身断面，上凸下凹，有时束木不直接承受桁木	月梁作肥身或平板枋形，束木置于叠斗的上层，直接承受桁木
瓜筒（瓜柱）	瓜筒多呈修长的木瓜形	瓜筒多呈圆球的南瓜形
斗	多用桃弯斗、六角斗、八角斗、圆斗	多用简单的方斗
拱	多用简洁的葫芦平拱或关刀拱，拱较平直	多用造型多变的螭虎拱或草尾拱，拱身呈弯形
鸡舌拱	用料较大，拱头倒勾	常省略鸡舌拱，直接以半圆槽的斗承受桁
栋架	架数较多且坡度陡峭，有如穿斗式屋架，喜作假四垂	坡度较平缓，桁木间距较大，架数较少

（二）客家派建筑特色

与闽南人相比，台湾的客家人属于弱势族群，多聚居在桃园、新竹、苗栗及高雄、屏东的近山地区。他们原乡来自闽西和粤东，在区位上与漳州比较接近，所以建筑形式基本上与漳州相去不远，但又带有一些广东建筑的特色，如

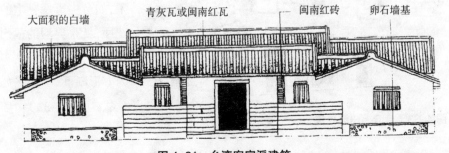

大面积的白墙　　青灰瓦或闽南红瓦　　闽南红砖　　卵石墙基

图 4-31　台湾客家派建筑

屋面的材料多用青灰瓦,墙面喜欢用较大面积的白灰墙或使用灰砖等,不过多数仍搭配闽南红砖,但常用卵石墙基。整体而言,客家派建筑的风格显得较为简朴内敛。(图4-31)

(三)潮州派建筑特色

目前台湾仅存台南的三山国王庙一例,还是庙宇建筑,为粤东客家人所建。其屋檐及屋面平直,屋脊的曲度比闽南建筑平缓,屋脊上的剪粘繁多、复杂、华丽。潮州匠师擅长剪粘是远近驰名的,所以剪粘的装饰甚于闽南。屋面采用青灰瓦,外壁涂上白灰,檐柱不向上抵住桁而停于步口通梁下等,都是潮州派建筑的典型特色。(图4-32)

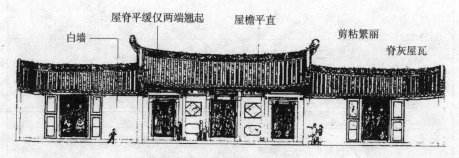

白墙　　屋脊平缓仅两端翘起　　屋檐平直　　剪粘繁丽　　脊灰屋瓦

图4-32　台湾潮州派建筑

(四)福州派建筑特色

主要出现在福州人聚居的马祖地区,属闽东系建筑,与闽南派建筑相差甚远。多以三梯状的墙面当立面,两侧为巨大的马鞍形或火焰形山墙,高出屋顶许多,不易看到屋面。台湾也有少数建筑聘用福州匠师的例子,如台中雾峰林宅的花厅,就是典型的福州式屋架,桁梁及短柱多为方形断面,斗扁平如盘状。(图4-33)[1]

马鞍形山墙

火焰行山墙

正面不易看到屋面

封闭的三梯状立面

马祖地区寺庙

图4-33　台湾福州派建筑

---

① 李乾朗、俞怡萍:《古迹入门》,远流出版公司1999年版,第162～163页。

第五章 泉州民居建筑与 台湾泉州派民居

17世纪以后泉州人大量移民台湾。台湾早期的移民以泉州人所占的比例最高,在台湾的开发史上占有举足轻重的地位。台湾的泉州人主要聚居地为"一府、二鹿、三艋舺"(三邑人)、台北的大稻埕和大龙峒(同安人)和台湾北部丘陵地带(安溪人)。泉州普遍称呼传统三合院、四合院式民居建筑为"三间张""五间张",并在横向增建护厝,由此发展成为大型民居建筑。台湾泉州派民居建筑基本保留了祖籍地的民居建筑形式(布局、装饰、色彩、建材、工艺),遗憾的是台湾泉州派民居建筑留下的实例太少,建筑规模和形式也不如祖籍地丰富。

第一节 泉州人过台湾

台湾早期的移民当中,以泉州人所占的比例最高。泉州人大量移民台湾是在17世纪以后的事,在台湾的开发史上占有举足轻重的地位。连横在《台湾通史》中说:"台湾固无史也,荷兰启之,郑氏作之,清人营之。"[①] 根据1926年日本人所做的台湾人口调查,祖籍泉州的各县居民——包括三邑(晋江、惠安、南安)、安溪、同安移民后裔,占总人口的44.8%。而且在台湾移民史中扮演重要角色的人物也多是泉州人。如:明末以"三金一牛"招集大陆饥民赴台开垦的郑芝龙是泉州人;从印尼巴达维亚来台,协助荷兰人

---

① 连横:《台湾通史》自序,台湾:众文图书股份有限公司1979年版,第15页。

招募移民的苏鸣岗是泉州人；清初举起"反清复明"旗帜，驱逐荷兰人并屯据开发台湾的郑成功及其部属是泉州人；指挥攻台收复台湾的清代将领施琅也是泉州人。[①]

　　泉州移民的原乡——泉州府，位于福建东部东南沿海，地势西北高、东南低，依山面海，全境十分之七的土地被山脉丘陵占领，只有在晋江、洛阳江等出海口才有一些小平原。宋元以来北方人口大量向福建移民，在本来就山多、地窄、平原小的泉州地区，人们生存成了问题，不得不由平地向丘陵、山地过度开发。有限的一些资源开发殆尽，而人口又不断成几何级数增长，生存成了一大困境。泉州府面海靠山，海岸线曲折，港湾优良，加上规律的季节风，恰为苦于农业土地不足的泉州人提供了向海洋发展谋生的有利机会，渔业、盐业、养殖业甚至海上贸易都蓬勃发展起来。

　　泉州湾内的泉州港，早在公元6世纪的南朝和以后的隋唐，就已形成面向世界交通的港口。北宋元祐二年（1087），统治者在泉州设立市舶司，负责管理通商船舶出入和检查征税等工作。此后泉州海上交通大为发展，成为世界有名的大港口。元代意大利旅行家马可·波罗来到"海上丝绸之路"起点的泉州港，赞美泉州是世界最大的港口之一。马可·波罗回国后写出轰动欧洲的《东方见闻录》，引起西方人对中国的无比向往，纷纷将目光投向远东，寻找经商、贸易和新的殖民地，世界局势进入一个重大的转型期。明初东南沿海倭寇、海盗为患，明太祖一方面为维持治安，一方面想抑制元代的重商政策，恢复传统的重农政策，实施了"片板不准下海"的海禁政策。沿袭明清两代屡屡实施的海禁，对泉州经济发展是一个重大的打击。加上明代以后泉州港逐渐淤浅，而以海盗起家的港口转向漳州的港尾港，泉州港日渐没落，昔日世界第一大港的风光不再。泉州港的没落，使得泉州人又一次面临地理上可耕地不足的窘境。一次又一次的饥荒和灾害，使得泉州人的眼睛又转向了海洋，只有大海才是泉州人的生存之地。海峡对岸的台湾岛这时恰好人烟稀少，可垦地很多，且土地肥沃，对于地少人多的泉州人来说，当然是个首选之地。

---

　　① 汉声杂志社：《寻根系列》，《台湾的泉州人专集》之《唐山过台湾——泉州人移民的故事》，台北：汉声杂志社1989年版，第17页。

泉州人移民渡海去台，面临的是交通工具、风向和海流等问题。宋元以来，泉州造船业极为发达，航行多仰赖大型木帆船——戎克船。台湾和泉州同属东亚季风带。每年4月到9月，是由台湾吹向大陆的西南季风；9月到次年3月、4月，是由大陆吹向台湾的东北季风。移民往返的季节，以农历4月、8月、10月较佳。而在6月、7月遇台风，9月遇强烈北风，是行船最大的忌讳。海流的顺逆，也是行船考虑的重大因素。如果从泉州赴南洋，船可以顺流而下，比较安全。而往台湾走，则需冒险横渡俗称"黑水沟"的深阔洋流，必得借助适当的风力和潮流相抗，才能顺利渡过。风大有帆破船沉的危险，风小则有漂流汪洋、不知所终的可能。昔日民间流传着渡台移民十个人中有"六死三留一回头"之说，可见渡海过台拓垦的危险。

17世纪后，欧洲海权向东方扩张的局势波及台湾。1622年荷兰人占据澎湖列岛。1624年荷兰人由台江鹿耳门登陆台湾，开始了在南台湾长达38年的统治。1628年西班牙人占据台湾北部，建圣多明哥城。1642年荷兰人率舰北上，驱走西班牙人，于是北台湾也落入荷兰人的势力范围。明代政府对欧洲列强争夺海外东方贸易据点的局面，采取不闻不问的态度，把澎湖拱手让给荷兰人，对台湾也置之度外。对明政府而言，台、澎只是番人、海盗、罪犯、流民聚集的化外之地罢了。

明末天下大乱，泉州府又遭旱灾。不少饥民冒死从厦门偷渡，移民台湾。崇祯年间，一向从事海上活动的郑芝龙号召饥民渡海到台湾开垦，号称"人给银三两，三人给牛一头"，并用船舶载至台湾。在此之前，从宋、元以来，历来都有渔民、商人、移民泛海来到澎湖、台湾，但都是个别的行动。郑芝龙发起"三金一牛"招募开垦人员，是第一次有组织、有计划地向台湾移民。至此，掀起第一次移民热潮。

那时的台湾，处处蛮荒未辟，野生动物成群，岛上的原住土著过着渔猎粗耕的半原始生活。荷兰人来此，带来了欧洲人开发东方贸易口岸的野心。不久，荷兰人就看出台湾不仅是良好的贸易据点，而且本身就是无穷的富源。他们一方面以武力夺取原住民的土地，一方面向大陆沿海征求有高度农耕经验、吃苦耐劳的汉人农民，从事垦殖、生产、外销和大规模的捕鹿活动。当年荷兰人到福建招募汉人移民，留下了一些文字记录，足见当时移民的盛况。如《巴达维亚日记》中记载："1631年4月3日，有177个汉人，由东印度公司的船运抵台湾。此外,在厦门等船者,还有一千多人。"1636 年,东印度公司又从巴达维亚派来泉州人苏鸣岗到闽南为荷兰人招募移民。由于苏鸣岗是海外发迹的同乡,大批泉州人在他的劝诱下纷纷赴台。荷兰人统治期间,汉人移民的数量增至十万左右。[①]

南明永历十五年(1661),志在反清复明、寻找军事据点的郑成功,率兵舰浩浩荡荡攻向南台湾。军队由鹿耳港登陆,包围热兰遮城,展开长达七个月的苦战。终于赶走荷兰人,结束了荷兰人 38 年的据台历史。郑氏据台时期,正是泉州人第二次移民台湾的热潮时期。这是因为郑成功是泉州人,他所率领的 3 万军人中,有许多泉州人。同时,清廷为禁绝沿海居民对郑成功的支援,实施了 "迁界令",强迫大陆东南沿海居民一律向内地迁移 30 里。当时泉州府安海地区最惨,除龙山寺外,尽成一片废墟。无家可归的人民,部分迁往内地,部分冒险出海往东南亚国家谋生,部分则强渡台湾海峡,加入到郑成功开发台湾的行列。这一批移民声势浩大,估计不下数万人。

清康熙二十二年(1683),福建水师提督施琅攻占澎湖岛,郑克塽投降。翌年,台湾正式收入清朝版图。康熙二十三年(1684),实施严格的 "渡台禁令"。但是,泉州人迫于家乡土地开发殆尽、民不聊生的境况,仍不断地偷渡赴台。当时,厦门是包揽偷渡的大本营,专营以小舟载客出海,再转大船赴台,从中抽取偷渡费用。此后,渡台禁令屡张屡弛,总不能阻止移民赴台。直到乾隆二十五年(1760)才废止渡台禁令。

第三次,也是人数最多的移民热潮发生在清乾隆、嘉庆时代。乾隆四十九年(1784),清政府开泉州蚶江港与台湾鹿港对渡。乾隆五十七年(1792)又开放蚶江及福州五虎门与淡水河口的八里垒对渡。一时泉州人移民台湾趋之若鹜,兄弟相率,夫妻同往,甚至举家迁徙的现象普遍发生。移民的成分也复杂起来,除了作为移民主体的农民,还有商人、官吏、士兵、城市平民、医生、店员、手工业者、僧侣等。

在以闽南、粤东为主的移民中,泉州人来台最早,而且占移民的多数。他们基本分布于西南沿海地区的城市和农村,居住在滨海及港口要地。泉州人的三邑、同安、安溪各有集中点。他们在原乡的生活技能和移民来台的先后,

---

① 汉声杂志社:《寻根系列》,《台湾的泉州人专集》之《唐山过台湾——泉州人移民的故事》,台北:汉声杂志社 1989 年版,第 18 页。

对其开发台湾的生活聚落地点和特色影响很大。泉州府的三邑人和同安县
人原居住在沿海地区,又富港湾之利,具有很强的经商能力。台湾的三邑人
来自泉州府的南安、惠安和晋江。因为他们在原乡的地理位置靠得很近,移
居台湾后又往往集居在相同的地方,所以常被通称为"三邑人"。三邑人早
在郑芝龙、郑成功据台时代就去台湾,很快就占据了台湾港口地区,并发挥出
他们的经商能力。台湾开发史上最为辉煌的"一府、二鹿、三艋舺"[①],就是三
邑人为首经营的。同安人在台湾的聚落,可以用台北的大稻埕和大龙峒来代
表,这也是台湾重要的商业和文化区。泉州府内稍晚才大量移民来台的安溪
人就比较特殊。他们原乡所在几乎全是起伏不平的山区,因此世代以垦山、
种茶为业,具有种茶、制茶的技能。他们抵台后,纷纷开发与原乡地理形势相
近的丘陵地区,对台湾北部丘陵地的开发和种植茶叶,有着很大的贡献。

　　泉州移民到了台湾,不但带入原乡的文化和生活方式,其在台湾的居住地
也往往以大陆原乡的地名命名。如泉州街(台北市古亭区、彰化县鹿港镇)、
泉州寮(南投县竹山镇);刺桐乡(云林县);安溪里、安溪寮(彰化县彰化市、
新竹县竹北乡、嘉义县义竹乡、台南县后壁乡);同安村、同安厝、同安宅(云
林县东势乡、彰化县芬园乡、彰化县永靖乡、台中县乌日乡、屏东县南州乡、高
雄县弥陀乡、台中市南屯区、新竹县竹北乡、台北县三重市);铜安里、铜安厝、
铜安寮(台中县大甲镇、彰化县芬园乡);南安村(高雄县田寮乡、屏东县南
州乡)、南安里(彰化县彰化市、宜兰县苏澳镇);金门厝(新竹市)、金门街
(台北市);安平区(台南市);东石乡(嘉义县)、东石村(澎湖县湖西乡)等,
都是泉州原籍地的地名。

第二节　泉州原乡民居建筑

　　泉州地区清代为泉州府,下辖惠安、晋江、南安、安溪、同安(民国后分出
厦门、金门)五县,在地缘上惠安、晋江、南安同属晋江中下游,自古以来三县
合称"三邑",为泉州的精华地带。安溪位于晋江上游,接近内陆,境内多山,

---

　　① 一府——台湾府(今台南市),二鹿——鹿港(今彰化县鹿港镇),三艋舺(今台北市西
边),这三个地方都是泉州移民最早的落脚地,如今仍然是台湾的泉州人的主要聚居地。

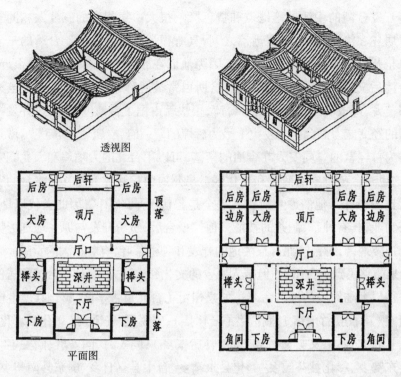

透视图

平面图

图5-1　泉州"三间张"民居　　　图5-2　泉州"五间张"民居

自古以产茶出名,地理上自成一方。同安地处同安平原,位于泉州西南方,与漳州近邻,因地形阻隔,又自成一方。由于地缘关系,使得同属泉州府的三个地方,呈现出不同的地方特色。

在泉州地区,普遍以"三间张""五间张"称呼其居住的传统三合院、四合院式住宅。(图5-1、图5-2)此类民居布局是由数个建筑单体及外部空间所组成的合院式建筑。通常第一进称"下落",第二进称"顶落",两厢称"榉头",加建第三进称"后落"。厝身左右如增建与顶落、下落垂直的长屋称"护厝"。由单体所围合成的天井称"深井",屋身的正前方留设的户外广场称"埕"。还有一种布局是只建有"上落"、"榉头"的平面形状如"∏"字形的三合院,三开间的称"三间张榉头止",五开间的称"五间张榉头止"。[①]（图5-3、5-4）

在横向增建护厝,是泉州地区民居最为普遍的布局扩充方式。三间张

_____

① 张至正:《泉州传统民宅形式初探》,台湾:东海大学 1997 年硕士学位论文。

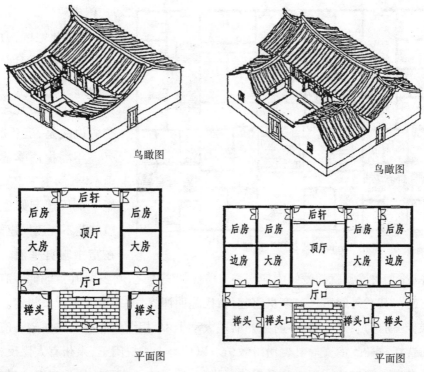

图5-3　泉州"三间张榉头止"民居　　图5-4　泉州"五间张榉头止"民居

民居增建左右护厝称"三间张加双护厝"，五间张民宅增建左右护厝则称"五间张加双护厝"（图5-5），五间张左右护厝前部建花厅称"五间张转花

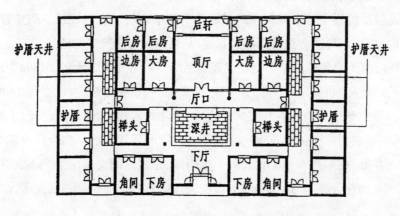

图5-5　泉州"五间张带双护厝"民居

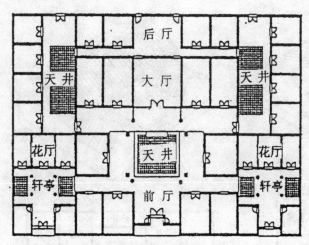

图 5-6　泉州"五间张转花厅"民居

厅"（图 5-6）。

在泉州地区,通常也将三合院、四合院类型的房屋称为"皇宫起"。对此典故比较集中的说法是,五代时,有一年因梅雨季节淫雨不断,闽王王审知的妃子黄氏想起娘家房屋破漏不能遮风避雨,在宫中暗自垂泪。正好被闽王看到,就问爱妃为何伤心。黄氏如实告之,闽王即道:"赐你一府皇宫起",其意是赐黄氏一家皇宫起,黄氏跪叩谢恩,并差太监传旨泉州府。但误传一府为泉州一府,一时泉州府城大动土木,相继建起府第式住宅。府属的晋江、惠安、南安等县也纷纷效仿。以后有人密报闽王,泉州有人谋反,大盖皇宫。闽王这才醒悟到是误传,只好下旨停建。当圣旨传到南安地界时,有的屋顶已粘了三行瓦筒,也得停下来,所以南安传统皇宫式住宅屋顶只有三行瓦筒。①

一、泉州亭店杨阿苗民居

杨阿苗民居坐落在泉州市鲤城区江南镇亭店村。它以建筑空间独特、装饰富丽堂皇、布局匠心独具而闻名遐迩,是泉州民居建筑中的精品。

杨阿苗（原名杨嘉种）是菲律宾著名华侨。清光绪二十年（1894）他耗巨资建造此宅,历时 13 年完工。该宅坐北朝南,平面方整,占地面积 1349 平方米。平面布局为两进五开间加双边护,穿斗式木构架,悬山式屋顶,上铺筒瓦,燕尾形屋脊。主体建筑由门厅、两厢、大厅和后厅组成。四合院内院除中心大天井外,在东西厢房（榉头间）与门屋、正屋之间又留出 4 个小天井,当地称"五梅花天井"。这比单纯的合院天井更有利于通风、采光,又大大丰富

---

① 张至正:《泉州传统民宅形式初探》,台湾:东海大学 1997 年硕士学位论文。

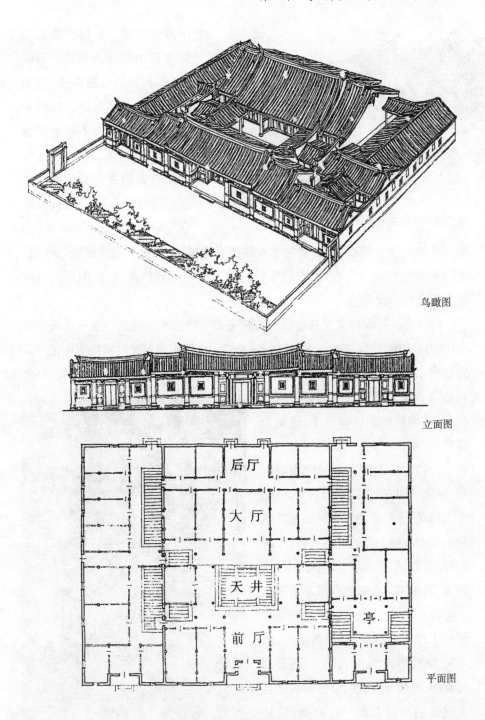

鸟瞰图

立面图

后厅

大厅

天井

亭

前厅

平面图

图 5-7　泉州亭店杨阿苗宅

图 5-8　杨阿苗宅外景

了内院空间。东西护厝呈长列布置,由南北穿通的走廊联系,各有大门直通内外,这是闽南民居典型布局。东侧护厝的前半部与众不同地设置花厅,在护厝入口门厅与花厅之间以卷棚式方亭相连。方亭内设有美人靠木栏杆,将侧庭又分成两个小巧的庭院,形成一个相对独立的小单元,作为书斋和待客的场所,创造了清静优雅的气氛。大门前铺筑宽敞的大石埕,三面围以砖墙。其布局舒展宽阔,是闽南民居中较具代表性的建筑。

　　杨阿苗民居的珍贵之处还在于其精美的装饰艺术。它几乎集中了闽南所有的装饰手段,而且工艺精湛,精巧绝伦,像一个闽南建筑装饰博物馆。正立面外墙是最为精彩的部分:白石墙基、青石柱础和墙面镶边带饰,红砖组砌贴面和檐口"水车堵"的泥塑彩绘巧妙组合,构成鲜艳的色彩对比,组成华丽的墙面图案,显耀其豪门气派。主入口"塔寿"(房屋入口处内缩的空间,也称"凹寿"、"门斗")和大门框斗、匾额的青石雕亦属罕见。尤其是门廊侧面顶墙上部的镂空人物、戏剧石雕,人物、车马形象生动,雕刻玲珑剔透,堪称闽南石雕的佳品。单石雕手法就有透雕、浮雕、沉雕三种,精雕细琢了许多珍禽异兽、花鸟虫鱼、山水树木、故事人物、博古图案,还摹刻颜真卿、苏轼、张瑞图、吴鲁等古代名人墨客的诗词书画。此外窗洞、柱头、檐下壁间、柜台脚上的青石雕也

图 5-9　杨阿苗宅侧墙装饰

构图奇特,巧夺天工。

该宅的木雕也是精益求精的上乘之作。宅内槛窗、隔扇多用楠木、樟木制作,窗花雕刻精细,檐下梁枋、斗拱、雀替、垂花等部位雕刻的人物山水、飞禽走兽更是争奇斗艳,千姿百态,极尽华美之能事。该宅的漆画为闽南所少见,在黑色大漆未干透时直接描金绘成的壁画至今仍不褪色,人物花卉图案刻画得细致入微,充分表现了工匠娴熟高超的技艺。[①]（图5-7、5-8、5-9、5-10、5-11）

杨阿苗民居1991年被列为福建省文物保护单位,2013年被列为全国重点文物保护单位。

图5-10　杨阿苗宅石柱础

二、泉州老范志吴宅

老范志大厝坐落在泉州市鲤城区皇汶埕（现九一街）,是一座由11个院落单元及其附属建筑组成

图5-11　杨阿苗宅天井石雕

的大型宅第。厝主吴亦飞,晋江人,清乾隆十二年（1757）研制神曲药茶,取范仲淹"先忧后乐"之意,店名为"范志"。后生意兴隆成巨富,遂营建大厝。

该宅由入口下廊、东西厢房、正中的厅堂以及围合在其中的庭院所组成,共占地15亩,东西宽63米,南北进深105米,有房舍147间。其院落单元由"一明两暗"模式衍化而成,布局是沿三条纵向轴线各安排了3个院落,9个院落的组合形式几乎完全相同。宅院两侧又成排地布置了两列东西向的护厝,约30余间。在宅院的西北方向又安排2个院落,作为读书休闲之处,

---

① 黄汉民:《老房子——福建民居》上册,江苏美术出版社1994年版,第47~50页。

因地形所限,略有变化。宅院的东部和北部建有经商用房、书房及假山、鱼池等园林设施（东面部分已毁）。为防火灾蔓延,各院落单元之间,前后以风火墙相分,左右以防火巷相隔,侧面墙设门,与各组院落连通。整个宅第规模宏大,且富有层次和节奏变化。(图 5-12)

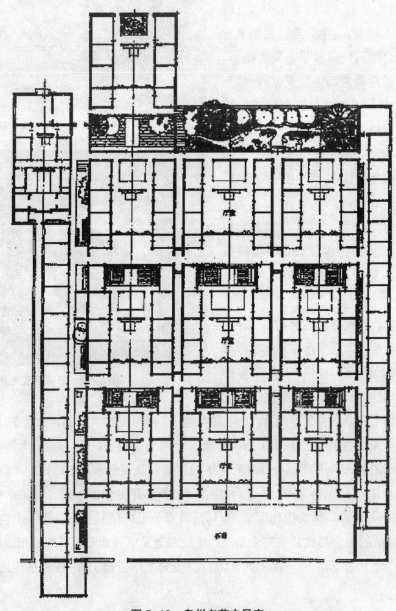

图 5-12　泉州老范志吴宅

三、南安官桥蔡资深民居

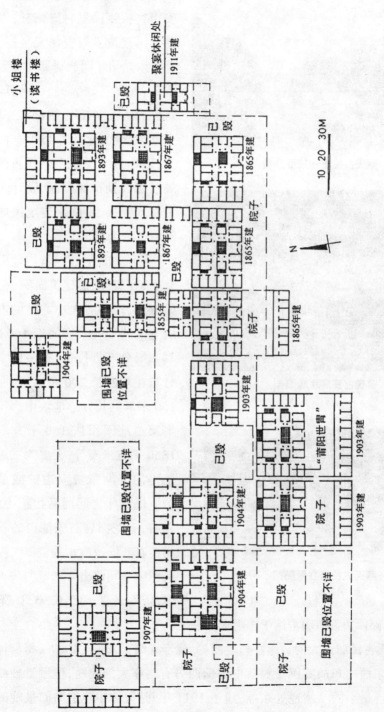

图5-13　南安蔡氏古民居群总平面图

图 5-14　蔡氏古民居建筑群外景

图 5-15　蔡氏古民居木雕梁架

图 5-16　蔡氏古民居立面局部

蔡氏古民居建筑群坐落在南安市官桥镇漳里村漳州寮，多为蔡资深建造。蔡资深又名蔡浅，是清末光绪年间旅居菲律宾著名侨商，封赠资政大夫。古民居建筑群于清咸丰五年（1855）动工兴建，宣统三年（1911）全部完工，历时 56 年之久。蔡氏古民居规模宏大且布局严谨，设计和施工技术上乘，是闽南传统民居建筑的杰出代表。

蔡氏古民居建筑群占地面积 3 万多平方米，总建筑面积 16300 平方米，现存有大小完整的古民居宅落共 16 座，房间近 400 间。其布局分五行排列，有序地毗连分布在东西长 200 余米、南北宽 100 多米的长方形地块中。每座宅第占地面积从 350 平方米到 1850 平方米不等，大多为二进或三进的五间张带双边护或单边护。座与座之间前后相距 10 米左右，有花岗岩石条铺砌的石埕相连着。埕边凿水井 1 口。左右两侧山墙间留出 2 米宽的防火通道，俗称火巷，南北长 95 米，笔直贯穿，石路两边都有明沟用于排雨水。

蔡氏古民居最大的一座在村落西端，建于光绪丁未年（1907），是群体中唯一的东西向布局实例。村落中部偏西另有两座大门朝西，但厅堂轴线依然朝南。最小的一座地处东端，建于 1911 年，是群体中建造时间最晚的一座,其布局完整,装饰精美,是主人聚宴消闲之处。群体中的东、中部有12座宅第,布局规整,面积居中。东部有7座,成三排两列组合。第一排有3座,位置最南,建成于清同治四年(1865);第二排有2座,完成于同治六年(1867);第三排有2座,完成于光绪十九年(1893)。西部的4座成两排组合,前排2座建成于光绪二十九年(1903),后排2座完成于光绪三十年(1904)。与东、中两组相比,西部的宅第建造时间较晚,砖石木作的用材较佳,内外装修也较华美。在整个建筑群中最为完整的是蔡资深自用宅第,额书"莆阳世胄"。该宅兴建于1903年,占地1250平方米,为五间张带双

图5-17　蔡氏古民居红砖砖雕

边护布局。东西两侧各设院门,入内后是一宽大的石庭。庭北正屋二进,庭南为一排倒座是仆人居住的。该宅规模不是最大,但轴线对称,等级分明,装修上乘。在建筑群的东北角建有两层的读书楼,也称"小姐楼",楼上保留清末状元陆润庠和吴鲁的题词。角端悬出一间小巧的厕所,三面通风,独具匠心。

该建筑群落的主体建筑为硬山顶,燕尾脊,红墙红瓦,多为穿斗式木构架,间有少量抬梁式。座座建筑屋脊高翘,雕梁画栋,装饰华丽。在山墙、门框、檐口、梁架、廊壁、隔扇、窗棂、栏杆、柱础等处,饰有以人物故事、祥禽瑞兽、山水花树等为题材的木雕、石雕、砖雕和灰塑、陶塑,构思巧妙,工艺精湛;四处墙壁、门堵上的工笔、写意、水墨绘画,争奇斗艳,情趣盎然;随处可见的题词,篆、隶、行、楷、草一应俱全,而且不乏名家手笔。[①]（图5-13、5-14、5-15、5-16、5-17）

蔡氏古民居建筑群1996年被列为福建省文物保护单位,2001年被列为全国重点文物保护单位。

---

① 方拥:《泉州南安蔡氏古民居建筑群》,《福建建筑》1998年第4期。

四、南安石井中宪第

中宪第坐落在南安市石井镇延平东路。清雍正年间（1723～1735）南安石井商人郑运锦开始兴建,历经祖孙三代才完工。因其子郑汝成诰封中宪大夫,故称"中宪第"。

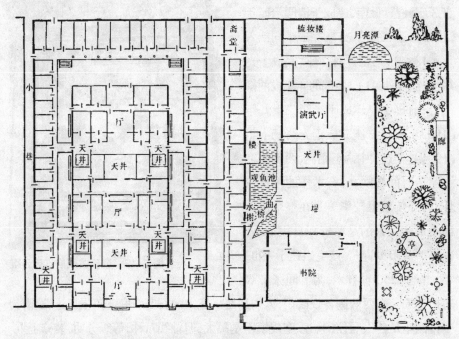

图5-18　南安石井中宪第平面图

宅第坐北朝南,占地面积13986平方米,建筑面积7780平方米。主体建筑前有照壁,进深沿中轴线三进二落五开间,西、北两面各有一列护厝,东面有两列护厝,每列护厝有小门通门埕,另做8个边门与主体建筑相通。护厝之东筑有书院、演武厅、梳妆楼,以及鱼池、曲桥、水榭。再往东的大花园里,垒假山三峰,挖月亮潭一泓,筑亭台与廊,沿曲径种植花草树木,设圆形或方形的石椅石桌供游园者观赏休息。宅第外环筑围墙,花岗岩石墙裙,上用红砖砌筑,开一个大门,门高3.2米,宽1.9米。内建大小用房112间,俗称99间,其规模在闽南地区首屈一指。

沿中轴线为主体建筑。一进前作门斗,后作门厅。大门后退半间,东西侧开边门,大门额上高悬木制金字"中宪第"匾。两翼下房各2间,二进与三进中轴线为高大的厅堂,两翼大房各2间。每进各有一堵隔墙,中间置大门相通,

图 5-19　南安石井中宪第鸟瞰图（录自《泉州民居》）

进门石埕两侧筑榉头与上下落衔接并作通道。厅堂建筑高 7.2 米，宽 7.8 米，深 9.1 米。穿斗式木构架，依进深立圆形杉木柱，下置台湾青石柱础，最高柱长（含柱础）7.2 米，直径 0.4 米，由通贯穿各柱，柱直接承梁檩。屋面硬山式，筒瓦铺作，脊端燕尾，沿山墙作规带。外墙体为下石上砖砌筑，红砖封面，条石透窗，内墙厅房以木板格堵。门窗皆木作，以台湾楠木雕花并着漆。地面铺 0.5 米见方的红砖，临天井石砛为长 7.8 米、宽 0.77 米、厚 0.33 米的台湾白石，中间有石阶。主体建筑与护厝、花园等附属建筑构成整体，气派轩昂，闽南特色浓厚。[①]（图 5-18、5-19、5-20）

中宪第 2001 年被列为福建省文物保护单位，2013 年被列为全国重点文物保护单位。

五、泉州后城蔡宅

后城蔡宅又名济阳别墅，位于泉州鲤城区后城西北侧，系马尼拉市华侨富商蔡德燥于清光绪三十年（1904）所建。

这幢汉式别墅占地面积约 1000 平方米，建筑面积约 500 平方米。坐北朝

图 5-20　南安石井中宪第立面

① 张千秋等：《泉州市建筑志》，中国城市出版社 1995 年版，第 198～199 页。

立面图

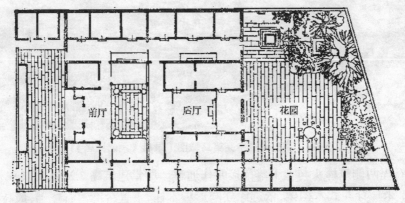

前厅　后厅　花园

平面图

图 5-21　泉州后城蔡宅

南,建筑形式为三开间,二进深,穿斗式木构架,主体建筑为硬山式翘脊屋顶,斗拱梁布置有序。临后城街筑有 3 米高的红砖封壁围墙,墙东侧设一正大门,西侧设小门用于平时出入,围墙大门额上雕嵌"济阳别墅"。

　　进入围墙便是白石大埕,埕南与埕东墙边设置石板花架。照壁中间有石刻"福寿"二字。正对面就是第一进的大门,门廊壁墙有青草石浮雕和书画石刻。进入大门便是下厅和两旁的下厅房。连接下房有东西"榉头"和回廊。两"榉头"中间为内天井,穿过内天井就是第二进主要住宅建筑。分别有前厅、正厅和后厅,厅堂两边均为左右大房和后房。厅堂西侧设单列纵向护

图 5-22　蔡宅鸟瞰图

厝,东侧住房与大房相邻,房后连接餐厅和厨房。

正大厅的四扇门棂格窗雕满花饰,最具特色的是每扇堵心都用楠木木条加工嵌入苏东坡的诗句:"春游芳草地,夏赏绿荷池,秋饮黄花酒,冬吟白雪诗",其工艺十分精细。两边厢房隔间的木窗均有人物故事和花格浮雕透雕,刀法娴熟,形象逼真。

走出后厅厨房西面便是后花园。园内安置石椅石桌,种植花木、龙眼、石榴花树、盆景等。后埕院内设有两口水井,用水很方便。在埕院内都放置着大金鱼缸,一可养鱼观赏,二可作为防火用水。整座民居布局齐全,至今保留较完好。[①]（图 5-21、5-22、5-23）

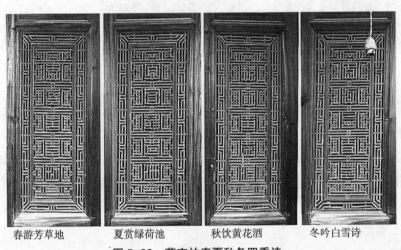

| 春游芳草地 | 夏赏绿荷池 | 秋饮黄花酒 | 冬吟白雪诗 |

图 5-23　蔡宅的春夏秋冬四季诗

六、泉港黄素石楼

黄素石楼坐落在泉州市泉港区前黄镇涂楼村,清乾隆六年（1741）始建,黄素、黄堂官父子历时 30 多年建成。

楼坐东朝西,为石构方形平顶四合院式楼阁,三层,面阔、进深均 20.8 米,高 8.3 米。楼内有房 36 间,楼外建 72 间环屋,共 108 间,连庭院总长 75 米,宽 55.3 米,占地面积 4147.5 平方米。总体结构主次有别,形成一个取象"三十六天罡七十二地煞"的宏伟建筑群。

---

① 张千秋等:《泉州民居》,海风出版社 1996 年版,第 278 页。

图 5-24 泉港黄素石楼

石楼全用方条石砌成，就是上层的糯米灰混凝土也只涂抹表面。墙基厚达 1.5 米，墙顶厚 1 米。三层以上为糯米糖水灰墙壁，西面各设有 3 个窗口。楼上二层，用大方木梁柱隔为房间。屋檐边每根大柱都有二层楼高，结构工艺高超。二、三层楼内彩栋画壁，共有 24 格栏杆，雕饰花鸟。三层顶楼上的四面墙角各伸出一个哨楼，长、宽各 2.8 米，高 3.6 米，各哨楼均设射击孔。楼下四壁仅在西面设一拱形石大门。外门之内还有两重门，中间有大铁闸，里外两重用优质坚固的楠木板做门板。外门板加包铁皮，以防备盗贼火攻。门上设有水槽，从楼内水井可随时汲水浇灌。配以楼顶角的武装防御，堪称防范周密、布置严谨。

大楼内外有石埕，分三层铺石板，占地面积 453.6 平方米。埕北有一个木构埕门，埕门外又有一个石埕，也分三层。其下又有两个高低不同的大砖埕。大楼与楼埕的正面（西面）有一道砖屏墙，两旁各有一个拱形的砖门，屏墙的边沿各敞开一个缺口，作为通道。通道的对面，各有

图 5-25 泉港黄素石楼角楼

一个长方形的石大门,石大门与围绕大楼的两厢房连成一片,西厢房的面前,又是一个砖埕。由砖埕向北走下几级石台阶,那是平面最低的一个砖埕,彼此勾连,形成大楼与四周环绕的厢房面前都有石埕或砖埕相通,行走十分方便。[1](图 5-24、5-25)

黄素石楼 2005 年被列为福建省文物保护单位。

七、泉州中山路骑楼

泉州中山路在唐末五代时就已经形成,一千二百年来经历了由短到长的过程。唐天祐三年(906),刺史王审知于唐城内筑子城,当时的中山路北至泉山门(今中山公园),南到崇阳门(今花巷口),是子城的主要街道。五代时中山路南端延伸至今涂门街处。南宋绍定三年(1230)中山路再次延长,南端延伸至今德济门(今天后宫前),北端达到朝天门(今环城路),全长 2.5 公里。之后泉州城有过多次扩大和改造,但中山路基本保持了宋以来的规模和长度。民国期间为纪念孙中山的历史功绩,以"中山路"来命名这条贯穿全城南北的主要街道。1998 年泉州市政府对中山路进行了较大规模的整修,恢复其历史风貌。2002 年 1 月"泉州中山路整治与保护"项目获"联合国教科文组织亚太地区遗产保护奖"。

骑楼于 19 世纪随华侨由东南亚传入我国南方,为二层以上建筑,在一楼住宅前加建一个外廊(当地人称"五脚踞"),沿街骑楼连廊连柱,形成一条能够挡避风雨侵袭和艳阳照射的人行道。中山路骑楼柱廊开间约 4 米,外廊通道宽 2.7 米,店面进深很大,平面狭长,是典型的"手巾寮"形式,多为下店上宅。屋顶采用平坡结合的形式,平屋顶临街,坡屋顶退后。立面是中山路骑楼建筑艺术的重点,显示了较成熟的折中主义手法:立面为三段式,下段为柱廊,中段为开窗墙与窗下额牌,上段为檐口。当地匠师灵活应用地方传统材料红砖、白灰和水刷石、水泥等新材料,大胆采用中西合璧的题材,勾勒雕饰,砌筑线角,在列柱、壁柱、檐部、窗楣等重点部位精心雕琢,显示了高超精湛的工艺。整条中山路沿街绵延数百间骑楼相接,形成整体统一又变化丰富的城市景观。

---

[1] 张千秋等:《泉州民居》,海风出版社 1996 年版,第 282 页。

第三节　台湾泉州派民居建筑

台湾泉州派民居建筑基本保留了祖籍地的民居建筑形式（布局、装饰、色彩、建材、工艺），遗憾的是台湾泉州派民居建筑留下的实例太少，建筑规模和形式也不如祖籍地丰富。

一、台北林安泰厝

林安泰厝建于清道光初年，据传有部分在较早年代即已建成。林家在乾隆年间从福建安溪县渡海来台，林家迁台第四代林志能在艋舺经商致富之后，在台北大安地区购地建造该住宅。

该宅主体为两落四护龙，左侧另建有书房，外护龙是日占时期重修的。前后有廊衔接外护龙，使得主体四合院的房间只对内庭或侧庭开窗，实际上形成两层屏障，有利于安全。门厅甚为考究，使用双凹寿三川门，其木雕及石雕皆属上乘作品，尤以门厅的大木作最为可观，瓜筒用材肥硕，月梁的古琴造型惟妙惟肖。正厅为开放式，没有格扇门。红砖红瓦，屋脊为燕尾式。

从细部的作法及整体比例看，林安泰古厝是台湾北部最优秀的建筑之一，也是台北盆地所剩的唯一一座作工最细的民居建筑。因被划入都市计划道路用地，经多位建筑界及艺术界人士呼吁原地保存失败，于 1978 年被

图 5-26　台北林安泰宅鸟瞰图

拆除,拆下的构材存放于仓库,后按原貌原材重建于台北滨江公园内。[①]（图
5-26、5-27）

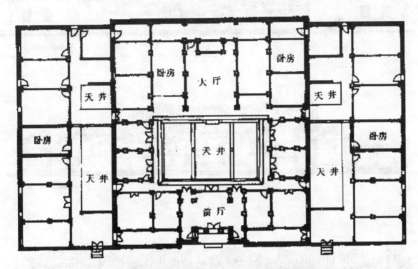

图 5-27　台北林安泰宅平面图

二、台北大龙峒陈悦记

台北大龙峒陈悦记祖宅又称为"老师府"。陈维英建于清咸丰三年
（1853）之后不久,原先的建筑于顶下郊分类械斗时被焚毁。陈维英生于清
嘉庆十六年（1811）,咸丰九
年（1859）中举人,曾于道光
二十五年（1845）至福建任
闽县教谕,回台后掌教于宜兰
仰山书院、淡水厅的学海书院
及新竹的明志书院。

老师府坐东朝西,由两幢
单脊式燕尾顶的三落大厝并
列而成。南侧为公妈厅,北侧
为公馆厅,把家祠居住部分

图 5-28　台北大龙峒陈悦记宅（录自《台湾建筑史》）

---

① 李乾朗:《台湾建筑史》,台北:雄狮图书股份有限公司 1979 年版,第 136 页。

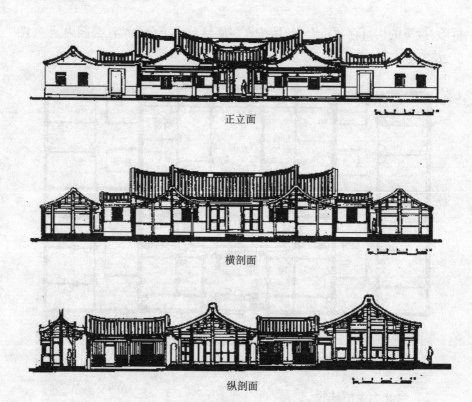

正立面

横剖面

纵剖面

图 5-29　台北大龙峒陈悦记宅立面图、剖面图

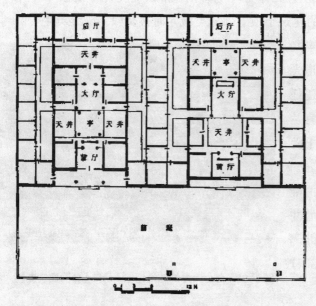

图 5-30　台北大龙峒陈悦记宅平面图

与接待宾客部分分开。清嘉庆十二年（1807）由陈维英之父陈逊言先建公妈厅，为三进建筑。公妈厅第一进只辟中门，两侧小窗，入口较窄小；第二进有三门，木雕精细，正厅供奉祖先牌位；第二进与第三进之间有四脚亭。道光十二年（1832）在公妈厅右边建公馆厅，俗称客厅。客厅较堂

皇,有檐柱,第一进与第二进之间有亭。两幢建筑的用途不同,但能相通。第三进及护龙皆为住宅部分。原来公妈厅前埕立有一对石旗杆和一对木旗杆,现只存石旗杆及木旗杆的夹杆石础。石雕旗杆上端置圆斗和方斗,中端雕盘龙,此为台湾仅存,颇具文物价值。

该宅的特点是,客厅部分将亭子置于前,公妈厅部分却将亭子置于后,以方便族人使用。从此实例看出,夹在两进之间的亭子确是空间使用的重点。另外,该宅和大龙峒街屋民居的屋顶一样,都显得太低,可能是风水上的缘故。[①]（图5-28、5-29、5-30）

三、台南麻豆林宅

麻豆林宅开基祖林文敏于清嘉庆初年间自福建安溪来台,经营糖坊起家立业。经商致富后,于道光年间开始时建造大厝。有代表性的新四房大厝建于光绪元年（1875）,另有一幢旧四房大厝约建于咸丰年间。

该宅为三进双护龙式,俗称"三落百二门"。整个平面布局成正方形。第一进是一个歇山顶的垂花山门,左右高墙连接长形的外护龙;第二进为三合院;第三进为四合院。护龙为低辈分的族人居住之所。该宅在布局上有三个特点:一是护龙左右另开边门以利进出,且不干扰中轴建筑的庄严气氛。但护龙又各有三处小通道与中轴建筑连接。这种在复杂的大家庭中为既顾及私密性又考虑进出方便所形成的平面形式,是很值得细加品味。二是内厢房向里退缩,使得燕尾式的山门更加华丽与独立,第一院落的空间也就

图5-31　台南麻豆林宅（录自《台湾建筑史》）

① 李乾朗:《台湾建筑史》,台北:雄狮图书股份有限公司1979年版,第137页。

扩大起来,延伸至护龙侧庭。三是旁门内建有亭子,类似于同样有外护龙形制住宅的"过水",使护龙的长廊天井获得了良好景观。

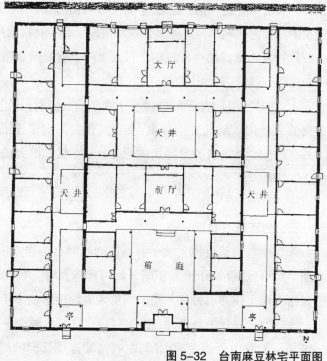

图 5-32　台南麻豆林宅平面图

　　该宅的木作部分很少彩绘,造成一种素木的效果。木雕窗精致优雅。外墙有的并非传统的一横二竖斗砌,而是在平砌的外面再粉以灰泥,然后以线条勾画出斗砌的砖缝来。山墙上嵌有固定梁木的"铁家刀"饰,此为台南一带常出现的手法。

　　该宅大木作各部分的比例把握得十分适当,开间的跨度、檐廊及厅堂的高度,都使人感觉亲切而不夸张。这是其作为住宅建筑最大的成功之处,台湾其他的民居很少能与之相比。

　　该宅是清代末期台湾住宅的杰作。在 1935 年台湾大地震时,仅外墙有部分龟裂。遗憾的是,1978 年部分后人为卖地争产盖公寓,古厝左半边被拆,甚为可惜。[①]（图 5-31、5-32）

四、彰化鹿港街屋

　　在清代中期的城市中,鹿港大于艋舺小于府城,是台湾第二大城市,全盛时人口超过 10 万人,为泉州人早期开发和居住的地方,也是最具泉州风格的城市。鹿港原名鹿儿港,约在清康熙年间已成聚落,乾隆四十九年（1784）

---

①　李乾朗:《台湾建筑史》,台北:雄狮图书股份有限公司 1979 年版,第 179 页。

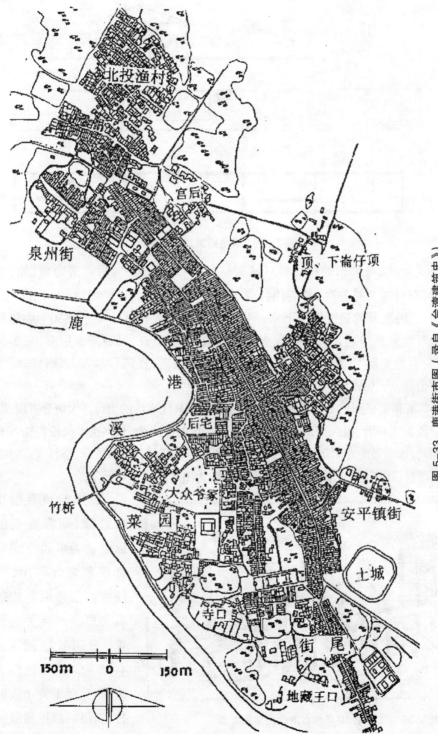

图 5-33　鹿港街市图（录自《台湾建筑史》）

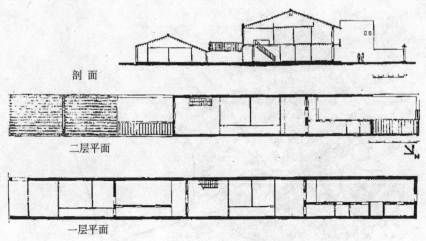

剖面

二层平面

一层平面

图 5-34　鹿港街屋"手巾寮"

正式开港,与泉州的蚶江口对航贸易。最初多为运米,后发展为糖、油、木材、石材等贸易并存,是清代台湾非常独特的城市。道光之后,由于港口淤积,鹿港发展的速度缓慢下来,但商业依然很盛。道光十年(1830)彰化县志对鹿港的描述是"街衢纵横皆有,大街长三里许,泉厦郊商居多,舟车辐辏,百货充盈"。同治、光绪年间,商业依然很盛,直到日本人占领台湾后才逐渐衰落。(图 5-33)

　　五福街是鹿港最主要的大街,也是鹿港最具代表性的街市。大街分五段,即北段的顺兴街、福兴街,中段的和兴街和南段的泰兴街、长兴街。每段售物各不相同,如顺兴街专卖鱼虾干货,福兴街、和兴街为药材、布料、丝绸、染料等。每个街段自设隘门防卫,街道上建有屋顶遮盖,为出名的"不见天"。

街屋建筑有很长的进深,通常在三落以上。为求得空间的合理和充分利用,往往为两层楼以上或带有夹层(阁楼)的设置。开间不大,通常为4~5米。第一进楼下为商店,楼上为主人的住宅,可以就近照顾楼

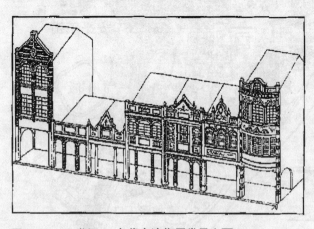

图 5-35　20 世纪 20 年代台湾街屋常见立面

下的生意。楼上也可
以设有堂屋,堂屋后
为居室。第二进与第
三进的空间形态很接
近,多设有二楼的室
内天井,以便于采光。
第二进的厅堂供奉祖
先牌位,第三进供奉
佛祖牌位,同时也是
长辈的居所。每一进

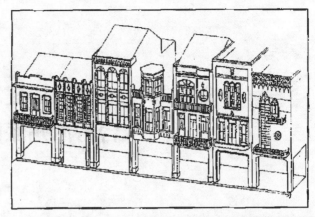

图 5-36　20 世纪 30 年代台湾街屋常见立面

之间的院落是向天空打开的天井,设有厨房及水井,在拥挤的城市里,这个庭
院就是一个家族的小天地。由于房间的进深较大,两侧又不可能开窗,光线
的来源只好是天窗,大多数将这两个双坡屋顶上下错开,这样可以获得充足
的光源。在装饰方面,可能因屋前要衔接"不见天"屋顶,所以不太重视正
面的华丽,倒是将装饰重点放在厅堂的木作部分,如楼梯、神龛、格扇、栏杆上
都雕刻有精细的花样。(图 5-34、5-35、5-36、5-37)

图 5-37　台湾街屋山花形式

第六章　漳州民居建筑与
台湾漳州派民居

漳州人在台湾的移民人数中占第二位。漳州人善耕作,台湾西部平原、中部盆地、北部丘陵和平原、东部宜兰平原都是以漳州移民为主进行开拓、经营的。漳州民居建筑主要由"爬狮"和"四点金"为基本单元,配以两边护厝组合成深宅大院。台湾漳州派民居建筑除保持祖籍地民居建筑特色外,也受到其他派系民居建筑风格(如客家派、福州派)的影响。清代中后期漳州派民居建筑出现了带有家族性质的深宅大院,如台北板桥的林家大厝与庭园、台中雾峰林宅等。

第一节　漳州人过台湾

台湾是一个移民社会,泉州人在台湾的移民人数占第一位,漳州移民的人数占了第二位。据1926年的统计,台湾汉人的总人口有370万人,漳州人占35.2%;1984年台湾人口普查时,台湾的总人口有1800万人,祖籍漳州的仍占35.8%。[①]

据现有族谱记载,明清时期漳州各县一百多个姓氏中,有九十多个姓氏的人迁往台湾,有的甚至是一村一族几百人同时迁入台湾。

漳州人善耕作,台湾西部平原、中部盆地、北部丘陵和平原、东部宜兰平原都是以漳州移民为主进行开拓的。如今台北市的士林、台北县的石门、金山、

---

① 刘子民:《漳州人过台湾》,海风出版社1995年版,第37页。

万里、贡寮、双溪、板桥、中和、三峡等地仍然是漳州移民后裔的聚集地。台北的圆山、芝山岩都沿用了漳州的地名；台湾的许多地方，如台北三重铺的长泰、台中县的龙溪、云林县的海澄、嘉义县的云霄，以及台北市和彰化、嘉义、台南三县的诏安等，都源于漳州诸县的地名。这些均是漳州移民开发台湾的历史见证。[①]

　　漳州人过台湾的原因，综合起来有以下三个：一是漳州人口过多，土地有限，加上灾害频仍，严重粮荒，向外迁移成了生存的一大因素。秦汉时漳州属荒芜之地，晋代北方移民开始进入漳州。唐初漳州汉人仅 1.8 万人，到宋淳祐年间增至 16 万人，到明弘治十五年（1502）漳州已有人口 26.6 万人。由于人口一再增长，人均拥有土地的面积越来越少。在人口累增的同时，土地兼并也日益严重。陈淳《北溪大全》说："宋代漳州寺院多达六千座，寺田占漳州耕地的七分之六。"明清以来，佛教田产逐步衰落，转入大地主手中或为官田，平民拥有土地极少。土地兼并、租税繁重和贪官污吏的勒索，使百姓难以生计惟有外迁。外迁的主要出路是海外和台湾。台湾"距漳泉止两日夜程，地广而腴。初，贫民时至其地，规鱼盐之利"。二是清初频繁的战争动乱和"迁海"政策，使沿海百姓大批破产，人民失去家园，向台湾移民成为必然。清初，漳州一带是清朝与郑成功集团的广大战场。兵火一到，玉石俱焚。清政府为切断沿海人民与郑成功军队的联系，又采取"迁海"的政策，沿海三十里地尽为"弃土"，迁海"令下即日，挈妻负子，载道露外，其居室放火焚烧，片石不留，民死过半，枕籍道途"。迁海的结果，对漳州经济破坏极大。漳州沿海诸县被置荒田地达到 27 万亩，均为富庶高产的田地。康熙二十二年（1683）清政府收复台湾后才全部复界。但这场空前绝后长达数十年的劫难，使得漳州地区几十年内元气不复，街巷仍然萧条，人民大量死亡、逃散，仅东山一岛"迨海界复，民归故里者，十无一二"。三是漳州与台湾具有地理气候交通的天然便利。在漳州长达六百多公里的海岸线上，港湾众多。宋元以来，福建造船业和航海业都很发达。沿海渔民跨越海峡，已视通途。东山岛离澎湖 98 海里，在宋代就有渔民在澎湖建立了渔村，而澎湖与台湾西海岸的北港只隔一条几十海里的水道，交通很方便。

[①] 刘子民：《寻根揽胜漳州府》，华艺出版社 1990 年版，第 1 页。

从海澄月港、漳浦旧镇、东山铜陵、诏安宫口以及厦门港渡海去台,朝发夕至。清初郑氏政权垮台后,台湾百废待兴,有许多未开垦的处女地,这对漳州人来说是个极富吸引力的去处。再从地缘关系来看,台湾与漳州地理纬度相当,气候相宜,水土相服,植物品种也相同,因而"闽人归之若市",前往台湾开垦谋生是再自然不过的事。①

漳州人过台湾之后,足迹遍及台湾各地。最大部分集中在台中至冈山之间大平原及其所连接的丘陵地带,以及台中至台南之间铁路所经之地。北部桃园、板桥、士林、万里、石门一带也是漳州祖籍人口密集区。宜兰县几乎就是漳州籍移民的天下。可以说,台湾的漳州人多分布于较内陆的平原地区,如云嘉平原、台中盆地、台北平原和宜兰平原等。漳州人过台湾多为同村同宗相携而行,在台湾各地找到落脚开垦点后,又兴建起同宗同村的"血缘聚落"。经过世代繁衍生息,一些族姓成了当地乡、镇以及所在市、县的望族大姓。如台中盆地上的南投县草屯镇的洪、李、林、简四大姓,人口占全镇的70%,这就是漳州人用血缘关系建立起来的"血缘聚落"。草屯原名"草鞋墩",因其地为鹿港至埔里的中点,早期移民出入垦荒都在此更换草鞋,以至废弃的草鞋堆积成山而称之。② 农耕垦殖自古是漳州最主要的经济活动,"百般武艺,不如锄头锄地",务农是漳州移民最根本的劳作。今日台湾的云嘉平原、台中盆地、台北平原及丘陵、台湾东部的宜兰平原仍是台湾最富庶的粮仓,也都是漳州移民聚落之一。1926 年台湾人口调查表明,祖籍漳州的人口与当地总人口的比例,嘉义郡(今嘉义县大半部)占 70% 以上,斗云郡(今云林县东半部)占 80%,台中市和大屯郡占 75%,台北板桥平原占 60%,宜兰县占 90% 以上。由此可见,台湾的主要农耕区域,确实是漳州移民垦殖的天下。就连台湾本岛以外的海岛,凡可垦拓之地,都有漳人涉足。如离台湾本岛 18 海里远在太平洋中的火烧岛(又名绿岛),面积仅 27 平方公里,清道光年间漳州移民就已经上岛开发了。

---

① 刘子民:《寻根揽胜漳州府》,华艺出版社 1990 年版,第 28～30 页。
② 同上书,第 36 页。

第二节　漳州原乡民居建筑

　　漳州自唐垂拱二年（686）建州，至今已有一千三百多年的历史。下辖龙海、漳浦、云霄、东山、诏安、平和、南靖、长泰、华安、芗城、龙文等九县两区。漳州地处福建省的最南端，东濒台湾海峡与台湾相望。地势为西北多山，东南临海，呈梯形倾斜状，总面积为 12600 平方公里，可分为山地丘陵、河谷冲积平原和海岸三个地带。由九龙江冲积而成的漳州平原，面积达 567 平方公里，是福建省最大的平原。

　　漳州地区民居建筑类型大致有以下几种：

　　一是竹竿厝。即单开间式。

　　二是单佩剑。即双开间式，由竹竿厝发展而成。

　　三是双佩剑。即三开间式，由单佩剑发展而成。

　　四是爬狮。也称抛狮或下山虎，即三合院式。

　　五是四点金。是爬狮加前座的合成，即四合院式。当四点金两厢也做成厅堂形式时称为"四厅相向"。

　　六是五间过（七间过）。四点金向横向发展时的形式，即横向有五或七个开间。

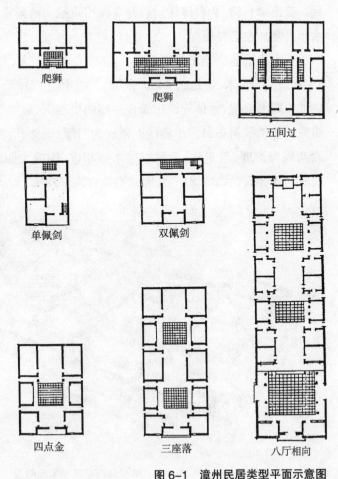

图 6-1　漳州民居类型平面示意图

　　七是三座落。也称三串厅，即门厅、中厅和后厅连贯排列。这是四点金向纵向发展时的形式。

　　虽然漳州地区各地民居建筑称谓不尽相同，但深宅大院的基本单元均是由以上类型组合而成。尤其是爬狮和四点金，使用十分广泛，组合也非常灵活，可以根据地形环境的不同组合成大、中、小型民宅。（图6-1）漳州地区还有一种民居建筑形式是土楼。它与客家土楼最大的区别是采用单元式布局。

一、漳浦蓝廷珍府第

　　蓝廷珍府第坐落在漳浦县湖西畲族乡顶坛村，是一座典型的闽南式四合院民居建筑。蓝廷珍（1663～1729）字荆璞，畲族人，历任澎湖副将、南澳总兵。曾出师台湾，为台湾的治理开发做出贡献。清雍正元年（1723）任福建水师提督加左都督衔。

　　蓝宅建于清康熙末雍正五年（1727），规模宏大，布局严谨，建筑群面宽52米，进深86米，占地约4400平方米。主体建筑中心为一个三座落加双佩剑的中庭型合院，主体建筑后面建一座两层楼房，后加一圈三面的护厝，形成纵向五进的平面布局。中轴线上依次为门厅、正堂、后堂、主楼与后厢房。左右两侧为护厝，与正堂、后堂以过水廊相连，构成大四合院套小四合院的布局。四周建筑犹如城墙环绕，因此当地称为"新城"。

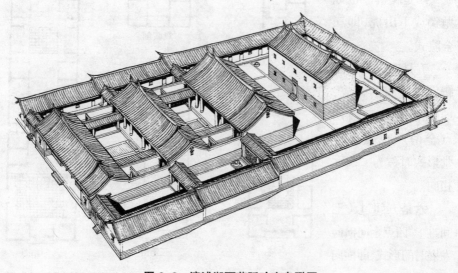

图6-2　漳浦湖西蓝廷珍宅鸟瞰图

图6-3　蓝廷珍宅外景

　　蓝宅大门朝东,第一落七开间。屋顶曲面升起为重脊歇山式,立面中段凹进形成凸字形平面的门廊,入口颇具气派。门厅正面不设屏风,门口可以直望天井及正堂。第二落也是七开间,屋顶同样是重脊歇山式。正堂居中,前有廊檐,后有屏风,用于接待宾客。正堂与天井敞通,天井两侧是有屋顶的半开敞的连廊。整个空间边界不是简单的方形,而是十字形平面。地坪高低不同,天井的地坪最低,侧廊及门厅次之,正堂的地坪最高。室内空间也是高低不一,正堂最高,而且堂前廊檐带有"翻轩",围绕天井形成半封闭半开敞的适合举行庆典仪式的大空间。正堂两侧的卧房面对窄长的小院,院中用漏窗隔成一大一小两部分,既保证了私密性,又创造了有层次的庭院空间。第三落是后堂。这是供奉神佛、祭祀祖宗神位的场所。后堂与天井连通,两侧敞廊和正堂的后廊连成一气,形成全宅最大的室内空间。一至三进围绕两个天井形成两个相互串联的四合院,以对称的布局、变化的空间、超大的尺度表现出提督府的威严。第四落是两层主楼,为三合土方楼,宽23米,进深10米。这里是主人卧房,如今内部已毁,外墙仍完整竖立,底层用方整条石砌筑,第二层用三合土夯筑。土楼只有一个大门,门上石匾书"日接楼"。窗户很小,条石竖棂,显然出于防卫的需要。在府第民居中围着一座土楼,在闽南民居中属孤例,这也正是蓝宅的独特之处。第五落是后厢房。当中一间为敞厅,两端设后门。它与左右厢房护厝连成一圈,围成一个大四合院,土楼居中。楼四周宽敞的庭院用石板和块石铺地。四个过水廊把正堂、后堂两侧窄长的院子分隔成几段。后厢房为族人卧房,左右护厝为附属用房,构成了与正堂、后

图 6-4 蓝廷珍宅土楼

堂完全不同的富有生活气息的内院空间。

整个建筑结构的特点是砖墙、土墙承重的硬山搁檩与木穿斗构架相结合。门厅、正堂、后堂为木穿斗构架,梁柱粗壮。梭柱直径达0.4米,上下两端略有收分,显得饱满、刚劲。屋面装饰只集中在精美的燕尾式屋脊。木梁架上以员光、托日、吊筒做丰富雕饰。石柱础为八角莲花座,雕刻十分精致。建筑台基勒脚为花岗石,外墙面红砖、灰砖与白粉墙交相辉映,构成独特装饰效果,华丽而不花哨。①

蓝宅合院相套的格局,显示出官家府第的气度,是闽南现存为数不多的府第式建筑的杰作。2001年被列为福建省文物保护单位,2013年被列为全国重点文物保护单位。(图 6-2、6-3、6-4)

二、漳浦赵家城

赵家城也称赵家堡,坐落在漳浦县湖西畲族乡赵家城村,是赵宋皇族后裔于明万历二十八年(1600)始建,经世代聚居、修缮而成的大型城堡。赵家城始祖赵若和是宋魏王赵光美的十世孙,宋理宗时封为闽冲郡王,宋末随帝昺南逃,在广东崖山一战中逃出,辗转至漳浦。后裔匿赵姓为黄姓,隐居于此,明洪武间复姓。明隆庆年间十世孙赵范以进士官至浙江按察使副使。致仕后,深感沿海长期倭患猖獗,"就寻先王缔造故处",按北宋故都汴京布置立意,修建了该城堡,以寄托对祖先帝业的思慕。万历四十七年(1619)赵范之子赵义扩建了外城和府第,崇祯七年(1634)又继建了一系列堂屋。

赵家城南靠丹灶山,北对朝天马山,城墙北向为官塘溪,由外城、内城和

---

① 黄汉民:《蓝廷珍提督府》,北京:《古建园林技术》1990 年第 26 期。

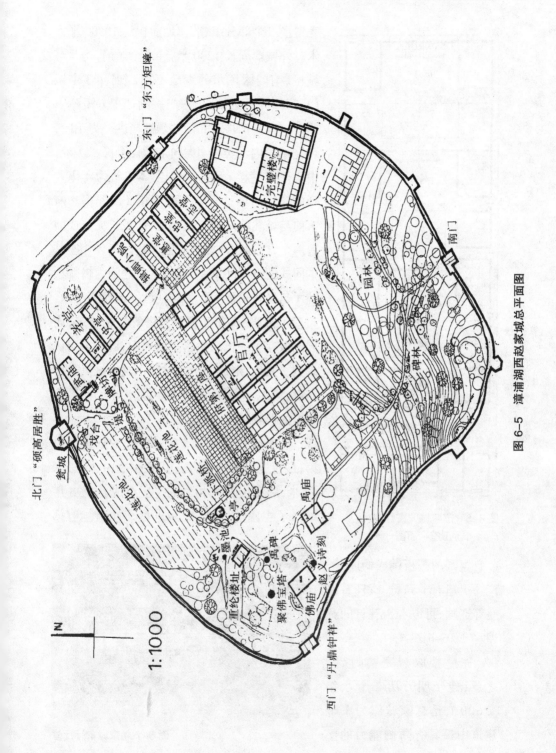

图6-5 漳浦湖西赵家城总平面图

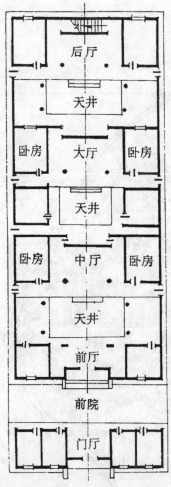

**图6-6　赵家城"官厅"
正座平面图**

前有宽阔的石板铺成的广场，广场上遗有上马石、旗杆石底座等遗物，可以看出昔日的辉煌。（图6-6、6-7）

完璧楼取"完璧归赵"之意，建于明万历二十八年（1600），是赵家城作为军事建筑中最具有防御能力的堡

完璧楼三个部分组成，占地面积约10800平方米。外城墙周长1200米，开4个城门，均建有城楼，南门因风水的缘故不用。现存3个城门，门额为石刻横匾，东门镌刻"东方矩障"，西门"丹鼎钟祥"，北门"硕高居胜"为正门，设瓮城。内城位于外城东南侧，周长222米，中心建完璧楼。城堡正中主体建筑为4座并列的府第（俗称官厅），两侧建3组厢房。府第前与城北墙之间开莲花池，池被长堤分成前后两个，内池建汴派桥。池东建两组各3座基本同式的五开间堂屋，两组堂屋之间为辑卿小院（赵义号辑候），作为居住区。池西为小山，布置了佛庙、禹庙和聚佛宝塔等祭祀建筑，庙周围保存了一批原始状态的岩山，留下了历代碑刻十几处，形成一个园林区。赵家城具备了防御、居住、生活等功能需要，是一个闽南城堡建筑的博物馆。（图6-5）

赵家城的官厅为4座同样式的五进深府第，最后进为两层楼房。主座面阔19米，进深67米，厢房由两列相对的平房组成。1998年维修了主座前三进，后两进仅存残墙。府第

图6-7 赵家城官厅厅堂

垒。该楼为 3 层,四合天井型,平面呈正方形,边长 22 米,通高 13.6 米。楼的内外墙都用三合土夯筑,楼墙开枪眼,底层用条石纵横交错砌筑,厚 1 米。一、二层各 10 个房间,三层无隔墙,作回形大通间。天井比楼底层低 1.2 米,西北角设石台阶,台阶边开暗道直通城外。与楼门相对的是一座五开间的二层小楼,两边两座小平房,围成一个前院,院中有一口水井。整组建筑占地面积 814 平方米。(图 6-8、6-9)

赵家城内还有上下三堂,为 6 座基本同式的堂屋群。靠南侧一组为上三堂,称志堂、忠堂、惠堂。北侧一组为下三堂,

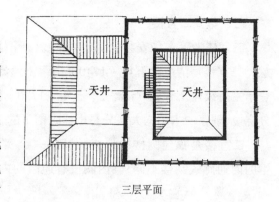

三层平面

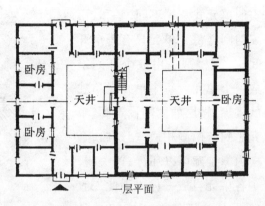

一层平面

图 6-8 赵家城"完璧楼"平面图

称守堂、史堂、孝堂。堂屋均由门厅、天井庑廊、后堂组成,围绕着每组的左、右、后建有三组厢房。[1]

赵家城 1985 年被列为福建省文物保护单位,2001 年被列为全国重点文物保护单位。

图 6-9 赵家城"完璧楼"外景

---

① 戴志坚:《闽海系民居建筑与文化研究》,华南理工大学 2000 年博士学位论文。

三、华安二宜楼

二宜楼坐落在华安县仙都镇大地村,所谓二宜,即宜山宜水、宜室宜家之意。二宜楼是清乾隆五年（1740）由蒋士熊始建的。蒋士熊病逝后,长子蒋登岸主持续建工程,于乾隆三十五年（1770）落成,历时31年。1904年曾部分烧毁,现存的木结构大部分是重建时留下的,外围土墙仍保持初建时原样。

二宜楼是福建圆楼中形式独特的一个实例。它的建筑平面与永定、南靖的内通廊式圆楼不同,其内圈没有通敞的内走廊,按类型分应归入单元式圆楼一类。但它又与平和、诏安的单元式圆楼不同,平和、诏安的圆楼每个单元只有一个开间,二宜楼则是由数个开间组成一个单元。每个单元设单独的楼梯,楼层的内圈设走廊,单元之间有门洞相通,门开启,全楼内圈走廊可以环行;门关闭,则各单元自成一体。因此二宜楼兼有单元式与通廊式的特点,单元之间既有分隔又有联系。这种平面布局形式在福建土楼中可谓凤毛麟角,即使用现代建筑的观点来衡量,也是十分合理和适用的。

该楼坐东南朝西北,占地面积9300平方米,由4层的外环楼和单层的内环楼组成。外环楼直径73.4米,共有52个开间,正门、祖堂及两个边门占4个开间,其余48个开间分隔成12个单元,其中4开间单元10个,3

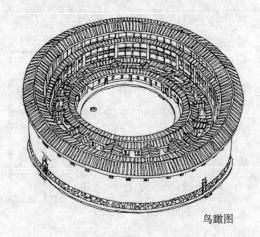

鸟瞰图

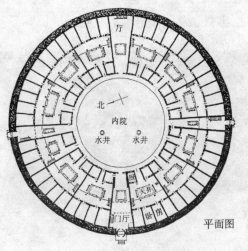

平面图

图6-10　华安县仙都镇大地村二宜楼
平面图及鸟瞰图

开间单元1个,5开间单元1个,每个单元以墙隔开,各备楼梯,完全独立自成

体系。内环楼为平
房，分 12 个单元，设
厨房、餐厅，并筑廊
与外环楼连接。

二宜楼的室外空
间层次分明。全楼
由一个大门两个边
门出入，中心是一个
面积六百多平方米
的大内院，院内有两
口公用水井，大内院
是人们日常交往和
户外活动的公共空
间。每个单元都从

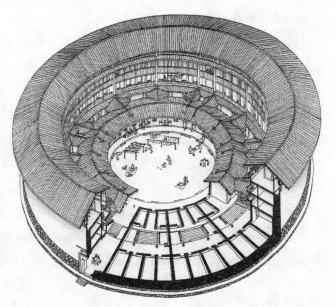

图 6-11 二宜楼剖视图

公共内院入口，单元内部设有户内私用的小天井，这是一个较有私密性的空间。
从圆楼外走进中心内院，再进入各单元内的天井，这里室外空间私密性层次的
变化，是对人们聚族而居生活中不同要求的满足。

二宜楼的室内空间布局独具一格。进入单元内是位于内环的入口门厅，
其两侧分别是厨房、库房，内外环楼之间连以过廊，围合出单元内的小天井，
过廊与天井之间以透空的木隔扇分隔。外环楼的底层作客厅或卧房，第二、
三层均作卧房。第四层中间是大空间的祖堂，由各户单独设置。

二宜楼与其他土楼一样，外墙墙脚石砌，墙身夯土，往上逐层收分。外墙
厚达 2.53 米，这样厚的楼墙在福建土楼中也属罕见。每一单元底层石墙上设
"之"字形传声洞，供关闭楼门时与外面通话用。外墙一至三层都不开窗，只
在第四层设观察、射击窗 56 个，枪眼 23 个。大门、边门的门洞全用花岗石砌
筑，异常牢固。更为奇特的是，外环墙在第三与第四层的交接处一分为二，外
侧的 0.8 米筑土墙承接屋顶，内侧约 1 米用土夯作贯通全楼的隐通廊，以弥补
单元式土楼防御时各自为政的不足。隐通廊与四层的祖堂之间有小门相通，
四层内圈的通廊必要时也可开门相通，一旦有敌情，各家丁壮可迅速进入通
廊把守窗口。隐通廊的窗洞内大外小呈斗状，窗下的土墙较薄，便于靠近并

居高临下投石或射击。

在结构布置与构造处理上,二宜楼也与众不同。外环楼的外围是土墙到顶,内圈是承重土墙直抵三层,各个单元之间用承重土墙隔开,各个单元内部一至三层的纵墙也是用承重的土墙分隔。这种纵横土墙的布局,使得整座土楼结构的整体性比只设外围土墙的内通廊式土楼要好得多。更为别致的是,第二、三层内圈土墙上又伸出窄窄的木挑廊,形成内通廊外的又一个檐廊,方便晾晒衣物,这也是福建土楼中极少见的构造处理。第四层的内通廊,在腰檐上设整排的窗扇,窗台加厚又可供贮物晾晒。窗扇关闭时成内走廊,全部开启则变成与室外连通的敞廊,真是别具匠心。

该楼的建筑装饰精美,繁简有度。正对大门的祖堂处在中轴线尽端的显要位置,梁架都做雕饰彩绘,祖堂入口大门两边置一对青石雕抱鼓石,上刻如意锁、四龙戏珠等吉祥图案。各个单元顶层供奉神主牌位的厅堂是又一个装饰的重点,雕梁彩绘极为精巧华丽。底层小天井前的檐廊也是装饰重点之一,在 12 个单元入口的大门外又设半门,半门顶部门臼上有 12 种不同花样的木雕装饰。据统计,楼里共存有壁画 226 幅 593 平方米,彩绘 228 幅 99 平方米,木雕 349 件,壁画配对联 100 副,镌刻于柱上的楹联 63 副,其内容十分丰富,堪称民间艺术珍品。

二宜楼背靠杯石山,面临小溪流,左眺仙都乡,右倚玄天阁。楼前平坦开

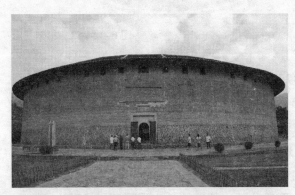

图 6-12　二宜楼立面图

图 6-13　二宜楼内院

阔,风光秀丽。大门正对着远处高高的九龙山和近处低矮的龟山,从门厅内正好可以望见九龙山的尖顶。楼内两副楹联形象地描述了圆楼周围的环境:"倚杯石而为屏,四峰拱峙集邃阁;对龟山以作案,二水潆洄萃高楼"、"派承三径裕后光前

图 6-14　二宜楼梁架

开大地,瑞献九龙山明水秀庆二宜。"从"二宜楼"楼名的寓意,也可以看出其选址所遵循的正是传统的风水理论:背倚高山,意味着护卫,显然有助于防风御寒;流水意味着财源滚滚,小溪更有利于污水的排放。良风、好水和山脉的保护,为楼内的居民提供了理想的居住环境。[①]

二宜楼的建筑平面与空间布局独具特色,防卫系统构思独到,构造处理与众不同,建筑装饰精巧华丽,是福建圆形土楼中不可多得的珍品。1991 年被列为福建省文物保护单位,1996 年被列为全国重点文物保护单位,2008 年列入世界文化遗产名录。(图 6-10、6-11、6-12、6-13、6-14)

四、漳浦锦江楼

锦江楼坐落在漳浦县深土镇锦东村,由 3 座同心圆的环形土楼逐渐扩建而成。清乾隆五十六年(1791)林升泽始建内环楼,嘉庆八年(1803)其妻李灿续建中环,外环的建造年代更迟。

锦江楼的布局形式堪称福建圆楼一绝。永定、南靖、平和等地的圆楼,无论是双环式还是三环式,都是外高内低,而锦江楼正好相反,从外到内一环比一环高。锦江楼的内环楼三层,中环一层,外环也是一层,只是层高比中环矮得多。从远处望去,该楼内高外低、中轴对称、三环相套,犹如戒备森严、防卫严实的土堡炮楼。楼大门前铺设宽阔的砖埕,埕前还有半月形水池。这种与五凤楼相配

---

①　黄汉民:《福建土楼》,台北:汉声杂志社 1994 年版,第 129～136 页。

套的禾坪和池塘设置在圆楼门前,也是绝无仅有的。

内环楼直径 23.7 米,共 12 个开间,正北间作为祖堂,设一个大门出入,全楼只在门厅一侧设一部楼梯上下。内环所围的内院直径只有 8.9 米,内院用条石及块石铺地,院中有一口方形水井。楼底层为厨房,二层为卧室,三层作仓库。第一、二层为内通廊式,除门厅外分成 11 个小房间,内墙全部为承重的夯土墙。与一般圆楼不同的是,第三层不设隔墙,形成完全通敞的环形大空间。主楼四层,可通三层楼顶。楼顶双坡顶,外墙高于屋顶,作女墙式。一、二层联系每个房间的内通廊不同于一般圆楼的悬挑式,通廊由 12 根檐柱直接落地支撑,而顶层两坡屋顶是由穿斗木构架承托,内柱直接立在环形的内承重墙上。

中环直径 40.5 米,共 26 个开间,只有一个大门,与内环的大门正对。单层的中环高约 7 米,入口处开间有三层高,顶层作瞭望室。屋顶是一圈坡向内院的环形单坡顶,在外侧女儿墙内设环形的屋顶跑道。各户都向内院开门,门上又设一圈环形的披檐。

外环直径 58.5 米,双坡顶,檐口高 3 米多,由 37 个开间围成一个开口的圆环,开口宽约 20 米,正对中环、内环的大门。外环较为低矮,每个开间都向内开门,有部分房间同时向外开门。

锦江楼的特色不仅在于它的布局与造型,还在于它坚实牢靠的防卫系统。三环套叠形成三道防线。内环与中环的外围土墙尤其结实。内环底层为花岗岩条石墙,厚 1.2 米;第二层为夯土墙,厚 0.9 米;第三层也是夯土墙,厚 0.7 米。底层外墙不开窗,环周留有

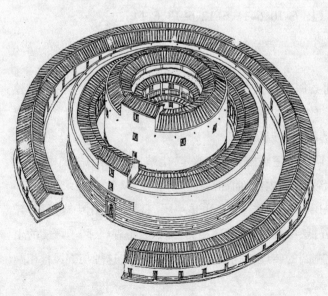

图 6-15　漳浦县深土镇锦江楼鸟瞰图

供射击用的枪眼,二层以上也只开小窗,框窗及竖棱都用条石,形成窄小的窗洞,可往下射击,又便于投放引爆火器。中环外墙厚 0.95 米,单坡环形屋顶的外圈没有出檐,而是做 1 米高的夯土女儿墙,墙上部隔不远就开一个枪眼。女儿墙内是宽 1.3 米、周长 120 余米的环形屋顶跑道,地面用红地砖铺砌。在内环与中环门厅开间的屋顶上各突出一间瞭望楼(俗称"燕子尾")。内环、中环的外墙不是用普通黄土夯筑,而是用三合土夯筑,内掺糯米浆、红糖水。这

图 6-16　锦江楼正立面

图 6-17　锦江楼屋顶内视

种土墙极其结实、牢固,无需巨大的屋顶出檐遮盖,也不用石材压顶,只是做成女儿墙形式,历经两百多年的风雨侵蚀仍然完好无损。内环、中环唯一的大门顶上设有水槽,能有效地抵御火攻。楼内有水、有粮,便于固守。一有敌情,外环的住户即进入中环守卫。同时也是出于防卫上的考虑,后建的外环楼较为低矮,为的是不遮挡中环屋顶射击的视线。锦江楼地处闽南沿海,清朝时这里海盗猖獗。据说该楼建成后曾遭到数十次海盗、土匪的侵扰,没有一次被攻破过,正是这一系列的防卫设施发挥了有效的作用。[①]

　　锦江楼 2001 年被列为福建省文物保护单位,2006 年被列为全国重点文物保护单位。(图 6-15、6-16、6-17)

---

① 黄汉民:《福建土楼》,台北:汉声杂志社 1994 年版,第 147～152 页。

第三节 台湾漳州派民居建筑

台湾漳州派民居建筑除保持祖籍地民居建筑特色外,也受到其他派系民居建筑风格（如客家派、福州派）的影响。同时由于在台的漳州人经营较好,在清代中后期出现了带有家族性质的深宅大院,如台北板桥的林家大宅与园林、台中雾峰林宅等。

一、台中雾峰林宅顶厝

雾峰林宅是 19 世纪台湾中部望族林氏一族所营建的大宅第,规模宏大,为全台之冠。林家原籍为漳州府平和县五寨圩莆坪社,迁台第四世之后分为四家,今日所谓"雾峰林家"通常仅指林定邦、林奠国两兄弟。依建筑物座向来分,以林定邦为始祖的一支所建的大宅称为下厝,以其弟林奠国为始祖的一支所建的大宅称为顶厝。

林奠国曾率乡勇讨剿戴潮春之乱,后又与其侄林文察出征福建讨伐太平

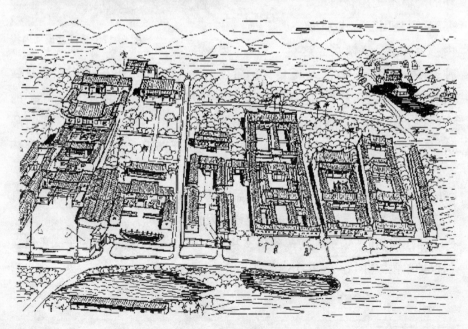

图 6-18 台中雾峰林宅

军。其子林文凤、林文典及林文钦也都建功屡屡。清同治三年（1864）林奠国开始兴建顶厝"景薰楼"组群。光绪十三年（1887）将原三合院改筑成"蓉镜斋"作为私塾。光绪十九年（1893）林文钦中举人，在其住宅后山麓

图6-19　雾峰林宅顶厝景薰楼（录自《台湾建筑史》）

建筑"莱园"，作为其母的生日礼物，"莱园"之名乃取老莱子娱亲之意。其族人的宅第也约在光绪末年完成。日占后由林文钦之子林献堂屡加修建，才成为今日的规模。（图6-18）

顶厝的规模比下厝小。建筑物可分为三区：最北一区称为景薰楼，有四落之多；中间区有三落；最南一区称为蓉镜斋，有三落。全部都是坐东向西。

景薰楼是五开间的楼阁建筑，外观两层，实际上第二层楼还有半层的阁楼。景薰楼的入口为两层歇山顶门楼。第一进前面有轩亭及遮阳棚架，轩亭的两侧有八卦形的屏门，可开可关，在台湾仅见此例。其下有石桌及石椅，这些设施都是为了适应台湾炎热的天气。正厅上悬有"文魁"匾。木作颜色以靛青色描金边为主，显得清爽、华丽，护龙部分贴有南洋的花瓷砖。第二进为正身带两廊的合院建筑，为林献堂居所。第三进是此宅最主要的建筑物，正堂为两层

图6-20　顶厝景薰楼正面

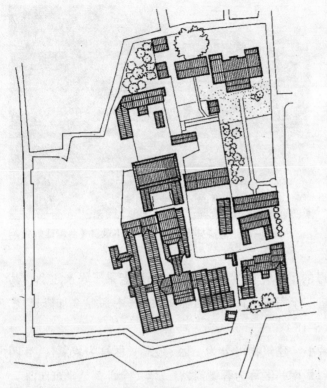

图 6-21 雾峰林宅顶厝总平面图

楼阁,五开间,中央三开间为木造,两侧为砖石造。屋顶为重檐歇山式,燕尾脊。屋檐四隅都有吊筒装饰。此楼在日占中期曾由林献堂重修,室内的门窗木作已染有日式建筑的风格。景熏楼是台湾仅存少数的楼阁建筑,其材料及工艺无不精巧,可惜毁于 1999 年 9 月 21 日的大地震。

蓉镜斋为朴素清幽的住宅建筑。前面半月池的石栏杆做工精细。正厅前也有轩亭,其木架上的瓜筒与台中吴鸾旂宅的瓜筒属于同一派的做法,为上圆下尖的造型。[①]（图 6-19、6-20、6-21）

二、台中雾峰林宅下厝宫保第

宫保第为雾峰林家迁台第六世林朝栋在清同治初年（或更早,约 1860 年）所建。其家族有习武的传统,林文察于咸丰十年（1860）率子弟兵平定汀州之乱,随后又转战浙江一带太平军,清廷

图 6-22 雾峰林宅下厝宫保第（录自《台湾建筑史》）

---

① 李乾朗:《台湾建筑史》,台北:雄狮图书股份有限公司 1979 年版,第 190 页。

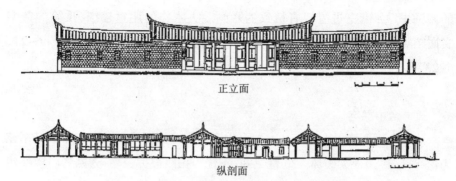

正立面

纵剖面

图 6-23　雾峰林宅下厝宫保第立面图、剖面图

封官至福建陆路提督。同治年间林氏奉诏返台剿平八卦会之乱,后又率兵内渡,战死在漳州。其弟林文明及子林朝栋也屡获战功,清廷特赏其山林及樟脑专卖。林家遂大兴土木,建造宫保第大厝,前后约五年始成。建成之后屡有修建。可惜毁于 1999 年 9 月 21 日的大地震。

宫保第是一座规模宏大的官宅。其平面格局为回字形四合院,前后有四进,面宽达十一开间,为台湾清代官宅中最大者。各院落均极宽敞,前三落为客厅兼公堂,第四落为住宅。大花厅约建于光绪元年(1875),包括门厅、歇山顶的大戏台、正厅和左右两层看台。花厅空间高敞,雕饰华丽,属福州风格。

该宅的第一落门厅独立,在台湾唯此一例。门厅绘有文武门神;步口廊对看墙有细致的砖雕,以青砖与红砖交替砌成;第二进正厅内有李鸿章

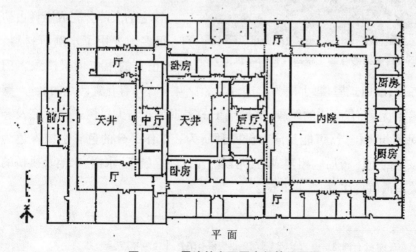

平面

图 6-24　雾峰林宅下厝宫保第平面图

的诗词书法;第三进屋架有精致的彩画。大木作的用材较细,瓜筒的造型实属罕见。色彩以靛青为主调。多用支摘窗,窗棂花样繁多。[①](图6-22、6-23、6-24)

三、台中吴宅

吴宅为清光绪二十年（1894）台中富绅吴鸾旂所建。日占初年被日军充为炮兵队,遭到很大破坏。20 世纪 80 年代因拓路被拆,只有秀丽的门楼移建于台中中山公园内。

图 6-25　台中吴宅花园（录自《台湾建筑史》）

该宅为两落四护龙的格局,坐西朝东,前有围墙及门楼,门楼设于东北角。前院铺红砖,正堂前有歇山顶的轩亭,护龙与外护龙之间各建有小亭,南侧护龙后面建有二楼铳柜。第一进与第二进之间没有内厢房,而是以两道墙代替,并开有圆门。在住宅的南侧建有花园,南侧外护龙有一轩亭突出于水面之上,成为水榭建筑,并有拱桥与对岸连接。

该宅的大部分完成于日占初年,很多地方用了水磨石材料,不过正堂的木作仍很精致。门楼为二层,歇山式屋顶,上层为门房,周围有小栏杆,并有花瓷砖片的装饰,壁面的砖工优良,有磨砖的线脚,这种细工的表现手法与大里树王村林宅及雾峰宫保第相当接近,可能是同一派匠师所为。木作部分的色彩也以青色为主。该宅的整体布局也相当成功,尤以门楼、厅堂、铳柜、水榭、水池及拱桥的相互关系最值得注意。[②](图 6-25)

---

① 李乾朗:《台湾建筑史》,台北:雄狮图书股份有限公司 1979 年版,第 135 页。
② 同上书,第 182 页。

四、南投竹山林宅敦本堂

竹山敦本堂为清光绪末年南投竹山士绅林月汀所建,主要部分成于日占初期。林氏曾任竹山庄长,因此宅邸在竹山镇边缘后菜园街。敦本堂是一座具有台湾本土味的建筑,在建筑上的成就不可忽视。

该宅为两落式,有护龙,但前后两落之间缺少内护龙,而以两道剔透的砖花矮墙代替。这样可将中庭划分为三个区域,中间仍然是正式的仪典性中庭,两旁则成为附属于护龙的侧庭。宅中圆洞及圆拱使用次数很多,各部分的比例均衡,空间变化流畅。在色彩的使用上,第一进以木材原色为主,第二进以靛青为主调,外部朴实典雅,内部丰富华丽,使人有渐入佳境之感。竹山虽然盛产竹材,但林宅却是正式的做法,只有砖、石及木材结构。这三种材料各自发挥所长,砖石承重结构与木架结构紧密而严整地搭配在一起。

林宅细部手法极为精细,具有以下特点:

第一,中庭以矮墙分隔,使得中庭与侧庭连为一体。因中庭扩大,引进来更充足的阳光,增强了住宅的实用性。护龙也可获得较开敞的室外空间,可兼作为日常作息及晒衣物的场所,而不会干扰正堂前庭的庄严气氛。这种做法的考虑较周密。

第二,第一进门厅前后有宽大的檐廊,因此显得进深较大,有着像正堂那种宽宏的气势。连接左右护龙的过水并没有跟着加大进深,反而显得较小,这样更使得第一进由中庭看回来有趋于独立的形态。这种安排与一般庙宇的主殿颇为接近。

第三,墙身高,因此在山墙马背下或屋檐下另开了小圆洞作为通气孔。外观造型典雅,屋脊曲线微缓。第一进为马背式,第二进虽然也是硬山顶,但檐角向两侧伸出,形成歇山式的造型。这种介于硬山与歇山之间的屋顶形式在台湾仅发现此例。

第四,砖作堪称为台湾建筑的上乘佳作。据说为建该宅,特地建砖窑烧制砖来使用,连台基也用砖砌。砖的色泽为橙红色,质地细密,规格为闽南式宽扁型。从檐廊两侧的复杂线脚可看出砖工的精细和砖砌的高度工艺水平。这种多层线脚所框出的长方形壁面,原是要用来题字书画的。其砌叠方法及转角处的收头有很多种,有的是在进窑之前先预加工成各种形状,以利于半圆拱、圆洞及转角砖等特殊用途;有的以阴刻雕成各种象征吉祥的浅花纹;线

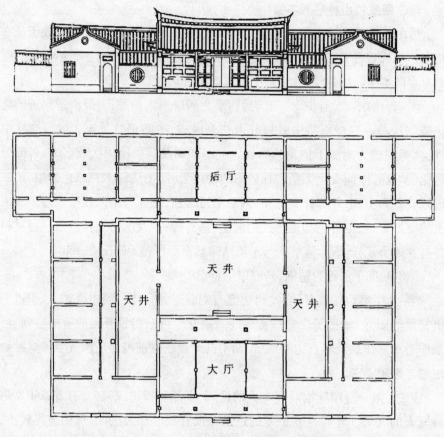

图 6-26 竹山林宅敦本堂平面图与立面图

脚的砖面磨成弧形。

第五,木作部分的成就很高。结构材显得稍细,均为方柱,连石珠也为方形。木材多用桧木及樟木。由于主要部分成于日占初年,雕工略带日本风格。第一进门厅中有一木雕的太师壁(即屏风墙),前后有两层(中间可以夹纱),前面雕的是松树及花鹿,后面雕的是细条窗棂,内藏有"富贵玉堂春"五字,四角再由蝙蝠衔住,光线由外面倾泻而入,效果极佳。门扇及隔扇墙部分的木雕手法也是一流的。第一进用支摘窗,并有很精细的横披窗。裙板的浮雕刻得很深,图案以台湾闽南式木雕最喜欢的夔龙、蝙蝠及香炉为主。总括来看,敦本堂的木雕属于清代后期的风格,不论是花草还是走兽,常带有强烈的圆雕趣味,富有立体感,如鸟翅及花瓣显得很逼真,有骨有肉的样子。

第六,墙面的处理。墙面以细致的砖作及木作并用,所以在砖墙上可看到木架结构嵌在上面,形成很有趣的材料对比感觉。槛墙部分以绿釉花砖当成面砖使用,有的砖墙砌成凹进去的形状,以便贴上楹联。护龙的山墙与马背为圭形,这种形式在金门的小庙颇为常见。山墙上粉上灰泥之后再涂黑漆,并勾出斗砌的砖缝线条,这是后期常出现的手法。由此可见,斗砌的砖墙还是台湾古建筑较为正式、较受重视的方法。

　　竹山林宅敦本堂是一座从漳州建筑过渡到台湾风格的重要住宅杰作,可惜毁于 1999 年 9 月 21 日台湾大地震。[①]（图 6-26）

五、台北板桥林本源旧大厝

　　林家始祖林应寅于清乾隆四十三年（1778）自福建漳州府龙溪白石堡（今属龙海市角美镇）迁台,初住淡水厅的新庄设帐授徒。其子林平侯 16 岁

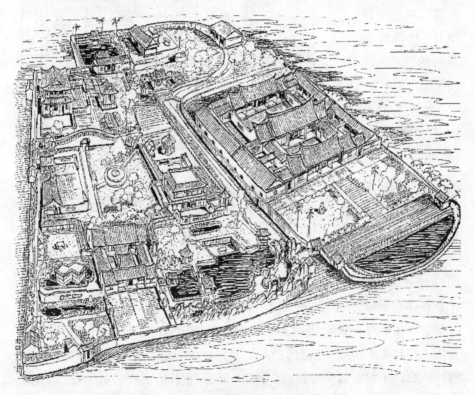

图 6-27　台北板桥林宅与花园

① 李乾朗:《台湾建筑史》,台北:雄狮图书股份有限公司 1979 年版,第 184 页。

到台湾,数年后经营米业致富。后与竹堑林绍贤合办全台盐务,复置帆船,运货物往返南北洋,拥资数十万。此时平侯年已四十,便衣锦还乡,纳粟捐官,分发广西,署浔州通判,摄来宾县。不久调升桂林同知,署柳州府。后来平侯辞官返台,移居大姑崁(今桃园大溪),并筑有城堡。道光年间林家土地激增,扩及台北盆地四周。为收租方便,林平侯在板桥西北侧高地建弼益馆,此为林家在板桥营建宅园之始。(图6-27)

林平侯有五子,其中林国华、林国芳最为世人所知。清道光二十四年(1844)平侯逝世,其子国华与国芳接掌家族大权。咸丰三年(1853)林国芳在弼益馆东侧建屋一幢,次年由其兄国华改建为三落大厝。这座宅第后来被称为"三落大厝"或"三落旧大厝",以别于林维让、林维源兄弟所建的"五落新大厝"。

林本源旧大厝平面布局严谨,在台湾古宅中首屈一指。据说,其形式模仿林氏老家漳州永泽堂而建。其平面接近正方形,

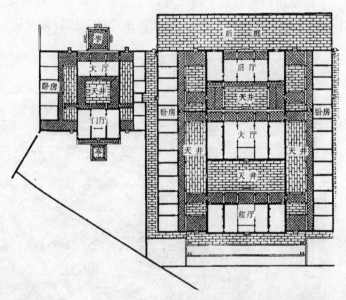

图6-28　板桥林宅三落大厝平面图

左右对称。布局为三落两护龙式,屋顶燕尾脊,正身为五开间。第一落门厅及第二落客厅为一单元,其附属空间为左右两侧的护龙(门房);第三落祖厅有私密性较高的中庭;两侧的护龙是辈分较低的族人居住之处,有独立的庭院。两廊之下设有隔扇屏风,区分内外廊道,主仆或男女分道而行。大埕外大门设两侧,前有半月池拱护。

旧大厝各部的比例适中,大木构造反映出漳州建筑风格,瓜筒及木雕特别精致。细部装饰以砖工最见工夫,墙壁有多种花砖砌成的图案,尤以第二落

后墙的万字花砌法最佳。^①（图 6-28、6-29）

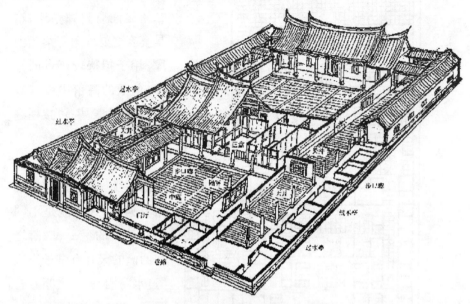

图 6-29　板桥林宅三落大厝剖视图

六、台北板桥林本源五落新大厝

林国华、林国芳逝世后，由林国华的长子林维让继任族长。清同治年间，以维让、维源兄弟为首的林本源家族，人口已渐饱和。因此维让于同治四年（1865）左右在三落旧大厝后面收购民宅，作为新宅的建筑用地。真正动工至完成可能在光绪元年（1875）。光绪以后由维源陆续完成庭园内各景物。

林本源五落新大厝是一座规模宏大、空间复杂的建筑。其方位朝南偏东。外门为三开间，中间为入口，两旁为门房。过第二门后即为五落大厝的前埕，有半月池。前三落为一封闭体，第一落有中间门厅及耳房门厅，中央大门有抱鼓石，并绘有门神；第二落及第三落正身均为主人及其直系亲属的居所；第二落的正厅为客厅，门上悬有"光禄第"匾额，第三落正厅为祖厅。第四落与第五落均为长辈居住。护龙为同辈族人的居所。由于院落多，形成很多有厅有房的小单元，提供给众多族人生活和居住。

过第二门往右可进入白花厅。白花厅虽另成格局，却是五落新大厝的附

---

① 李乾朗：《台湾建筑史》，台北：雄狮图书股份有限公司 1979 年版，第 139 页。

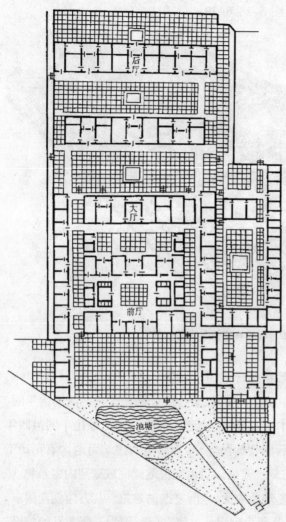

图 6-30　板桥林宅五落大厝平面图

属建筑。共分为三落，一、二落之间有直廊相连，这是宴客之处。第三落为内厅，用于招待较尊贵的宾客，前面的院落中设有戏台，两侧为长廊，可接往庭园的游廊。

五落大厝中的三、四落的轴线与前三落的轴线略有偏差，很可能是不同时间建成的。一、二落之间两侧的天井有亭子当成"过水"，四、五落之间原有亭子，1922 年被大火烧毁。五落大厝的平面很复杂，走廊和院落特别多，四、五落之间的院落还用围墙分隔出小单元，每个小单元至少有一厅一房或二房，这是为了让人数众多的家族集体居住。很显然，前三落严谨而肃穆的仪典空间为家族的主脑者所居，后两落较为开敞的单元则较适合闲逸的长者深居生活。

五落大厝的屋顶从一、二、三落渐渐增高，四落最低，五落最高。其马背式屋脊是台湾最大最考究的做法。脊身的曲度平缓，上面贴满了彩色装饰磁片。墙身大多为砖块平砌，外面再粉灰泥。木雕成就很高，且多为素木原色，尤其以中轴建筑的梁架木雕最为可观。据日本人考证，有一位徐姓匠师在林家建造庭园长达 17 年。从现存建筑的比较来看，新旧大厝显然是两个时代的作品。其木作风格完全不同，但庭园部分与新大厝颇为相近，或可推断五

落大厝也是出自徐姓匠师的手笔。[①]（图 6-30 ）

七、台北板桥林本源庭园

清同治初年,林维让开始在三落大厝后面营建庭园,同治末年至光绪初年,庭园部分已具有规模。光绪四年（1878）维让过世后,维源开始投下资金增建五落大厝及庭园。光绪五年林维源因督办台北府筑城有功,授四品衔,历任抚垦帮办大臣、铁路协办大臣、太仆寺正卿及侍郎（"光禄第"匾即由此而来）。于是他大力建造庭园,作为社交的场所。（图 6-31 ）

庭园的入口自白花厅后的游廊开始。转弯后第一景为汲古书屋,此为藏书之所。自此之后游廊分为上下两层,向左弯到方鑑斋,斋前有方形的莲花池,池中设戏台。沿游廊继续前行可至来青阁,游廊

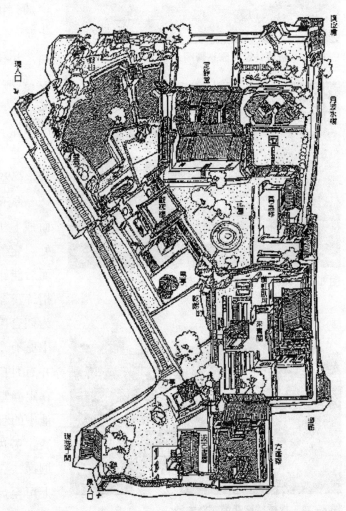

图 6-31　板桥林家花园示意图

---

① 李乾朗:《台湾建筑史》,台北:雄狮图书股份有限公司 1979 年版,第 191 页。

图 6-32 板桥林家花园来青阁

图 6-33 板桥林家花园方鉴斋戏台

图 6-34 板桥林家花园榕荫大池

壁上刻有名人书法及竹画。来青阁为贵宾下榻之所,登楼四望,青山绿野尽入眼底,故名。来青阁是园中最精致的建筑,也是园中唯一的二层楼阁,楼上全部以樟、楠木建造,庑殿式屋顶,华丽非凡。阁前有戏台,题曰"开轩一笑"。过来青阁后,回廊分为两路,一路向北,经香玉簃、定静堂至月波水榭;一路向西,跨"横虹卧月"陆桥经观稼楼到达定静堂及大池。

香玉簃实为回廊扩大而成,为观赏奇花异卉之处。定静堂取大学篇"定而后能静"而命名,是林家招待宾客盛大宴会的场所。为四合院建筑,堂前有庭,中庭有亭,左右屏以花墙,并有月门相对。月波水榭在定静堂东侧,是坐落于水池中的双菱形建筑,有桥可通。旁边有一缠绕大树的迴梯,题曰"拾级",拾级而上可至屋上的平顶。观稼楼较来青阁小,登楼可尽收阡陌相连之景,故名。该楼的形式为三开间建筑,前有轩亭,后有庭院,屋顶为平顶,四周有短浅的出檐。在装饰上似受到南洋的影响。该楼于1907年倾圮后以方亭代替。

庭园的终点为榕荫大池。池为不规则形,中有小岛及半月桥,设有码头,池中可泛舟。池边北面据传有仿漳州故里山水的假山,池的周边建有重亭（钓台）、八角亭、斜亭、三角亭及菱形亭等亭子。池边的建筑题有梅花坞（即重亭）、钓鱼矶（即菱

图 6-35　林家花园榕荫大池三角亭

形亭）、云锦淙（即岛上方亭）等楣额。另外在观稼楼后面凿有海棠池,与大池之水相通。庭园的后门在定静堂北侧,门额题曰"板桥别墅"。

庭园内木雕与五落新大厝有许多相似之处,两者应为同一时期的作品。维源是在维让过世后继任为族长才建造五落大厝的,而据匾额的记载,定静堂成于光绪元年,方鉴斋成于光绪二年,开轩一笑成于光绪三年,来青阁则于光绪四年完工,那么庭园的主要建筑可能早于五落大厝了。可能从同治末年（1870）就开始计划构筑,光绪十四年（1888）扩建,至光绪十九年（1893）始告竣工,总工程费计 50 万两。所需工匠及材料多从闽南各地延聘并采购,

图 6-36　林家花园漏窗

图6-37　林家花园漏窗

还有部分石材来自云南。

该庭园可能是长居林家的徐姓匠师设计建造。另外，在维源督造台北城时（也是花园建造之时）板桥匠师陈应彬负责建筑小南门，他可能是徐姓匠师的徒弟，并继任为林家的建筑顾问，可能参与庭园的建造。

林本源庭园是清代台湾私家园林的代表。景观主次分明，相互对比，看似各自独立，却又互相连通。虽然经过多次修建与改进，但它的每一转折、每一景物竟然还是那么恰到好处、那么巧妙。[①]（图6-32、6-33、6-34、6-35、6-36、6-37）

---

①　李乾朗：《台湾建筑史》，台北：雄狮图书股份有限公司1979年版，第193页。

第七章　客家民居建筑与
台湾客家派民居

　　客家人大规模去台的时间当在清康熙中期以后,盛于雍正、乾隆年间。至清末光绪年间,台湾的客家人聚居地区形成东（花莲）、西（东势）、南（高雄、屏东）、北（桃园、新竹与苗栗）分散的结局。这些地区多接近山区,不靠海,自成一种较封闭的状况,在民居建筑上有着独特的建筑观念和风格,并逐渐形成南、北两种流派。北部的客家民居建筑长期受到邻近的漳、泉人影响,已有变化发展的现象。南部的客家民居建筑身处较完整的客家文化圈里,保存了较多大陆原乡一带建筑的特征。南北最大的差异在于北部采用"五间见光",南部则用"五间廊厅"之制。客家原乡民居建筑的代表作品当属永定的客家土楼、梅县的客家围垅屋和闽西的"九厅十八井"民居建筑。可惜的是台湾客家民居建筑与原乡客家民居建筑的辉煌和成就相去甚远。

第一节　客家人过台湾

　　台湾于康熙二十三年（1684）正式纳入大清版图时,岛上的居民除原住民外,大都来自漳、泉二府移民。客家人大量移居台湾是在清康熙二十年以后的事。虽然明郑时代跟随郑成功入台的军队有若干粤东客家人,毕竟人数不多,且其后大多数被清政府遣散回原籍。

　　台湾既入大清版图,清政府为管理大陆汉人来台事宜,接受靖海将军施琅的建议,颁布了三条限制渡海的禁令:一是欲渡台者,先给原籍地方照单,经分巡台厦兵备道稽查,台湾海防同知查验,始许渡海,偷渡者严处。二是渡海者,不准携眷,既渡者,不得招致。三是粤地屡为海盗渊薮,以积习未脱,禁其民渡台。[①] 第三条禁令是针对客家人的。受此禁令影响,客家人大规模去台当在施琅卒后。继任的水师提督对惠州、潮州的客家人并无恶感,于是"渐弛其禁,惠潮民乃得越渡"。据史料记载,康熙二十五(1686)、二十六年(1687)时,广东嘉应州属的镇平(今蕉岭)、平远、兴宁、长乐(今五华)等所谓"四县人",曾大量跟随闽南人之后去台。去台湾的路线,大致是政府规定的官道:从原祖籍地,沿韩江而下到达今汕头附近港口,而后乘船到厦门等待查验,然后再乘船过洋至澎湖的妈宫(今称马公)等港口,再由妈宫等港向东南行驶,进入鹿耳门检验,后由安平登岸,到达府城(今台南市)附近。约在康熙三十年(1691)之后,因府治附近已无余土可耕,这些首批来台的客家人又从寓居的府城东门外,南下前往今屏东高屏溪(也称下淡水河)东岸及东港溪流域垦居。此后,他们原籍的乡亲接踵而至。其去台路线,有的走官定航道,有的则直接从韩江口各小港口直渡台湾海峡,航行至凤山县的打鼓仔港(今高雄港)、前镇港、凤山港、下淡水港、东港等港口,由小船接运登陆,而后徒步到达目的地。

康熙六十年(1721),台湾朱一贵起义,清廷派漳州人蓝廷珍剿乱,凤山各县的客家人组织"六堆义军"协剿。起义平定后,因客家人协助朝廷有功,蓝廷珍趁机奏请解除粤籍客家人去台限制。清廷准奏,客家人去台从此不受歧视。这时客家人的成分已不止嘉应州所属各县,也包括潮州、惠州的人。去台路线,除惠州府属直接由原籍的海港出海外,其余仍由韩江乘溪船到汕头附近汇集后,搭乘偷渡的小帆船,趁初夏西南风盛发时,直接从海峡驶向台湾西南部的台南、诸罗等县地域(相当于今嘉南平原一带)的港口,如新港、蚁港、猴树港、笨港、海丰港、三林港、鹿仔港、水里港等地,再由小船接送登岸。[②]

当时想去台湾垦殖的各籍移民,大部分都是穷苦人,不得已才冒险出外谋生计。他们一来没有钱走法定的官道路线,二来也为了避免麻烦的渡航手续,只好走偷渡的途径。虽然到了雍正、乾隆年间,偷渡令一再严申,闽粤移民偷渡者仍络绎不绝。当时偷渡去台的客家人,除了粤东的嘉应州、潮州府、

---

① 陈运栋:《台湾的客家人》,台北:台原出版社 1998 年版,第 114 页。
② 同上书,第 98 页。

惠州府外,也包括福建汀州府所属的客家人。因为台湾垦地北移的关系,他们所走的路线也逐渐北移。由原籍地的沿海小港直接搭乘小帆船,趁初夏的西南风或7月、8月的"九降风"向东北进发,船过澎湖之后,则沿台湾南部西南岸向中北部航行,遇到汛兵疏于防守或者被买通的时候,就在各小港口直接登陆或由小船接运登陆,而后分往中北部各地垦区。登陆的重要港口,大致包括鹿港在内及其以北的草港、水黑港、崩山港、大安溪口、吞霄溪口、礁荖叭港、后垅港、中港、竹堑港、红毛港、南嵌港、淡水港、鸡笼港等。①

　　到达上述港口后,客家人前往各地区垦居的路线大约如下:一是从鹿仔港、草港、水黑港等港口登陆者,大多数在彰化、云林、南投、台中等地区垦居。二是从崩山港、大安溪口等港口登陆者,大多数溯大甲溪上游往今台中县等地区垦居。三是从房里溪口、吞霄溪口、后垅港等港口登陆者,大多数在今苗栗县等地区垦居。四是从中港及其附近登陆者,大多数在今新竹县香山乡或转向内陆的苗栗县头份镇等地区垦居。五是从竹堑港登陆者,大多数在今新竹市附近地区垦居,部分转向其内陆的新埔、湖口等地区,乃至新竹的东南厢山区地带垦居。六是从红毛港登陆者,大多数在今新竹县新丰乡及其内陆各乡镇等地区垦居。七是从南嵌港登陆者,在今桃园县南嵌、竹围及其内陆各乡镇等地区垦居。八是从淡水河口八里坌登陆者,大多数沿淡水河上溯至今台北县的新庄镇等地区,而后以新庄为中心点,扩及整个台北盆地。至道光年间,因闽粤移民分类械斗,部分客家人南下经南嵌转向桃园地区发展。九是由鸡笼港入口者,大多数溯今基隆河至汐止登陆,而后分往台北县的石门、瑞芳、双溪等地区垦居。其后因闽粤移民分类械斗,部分迁往桃园地区垦殖。②

　　综上所述,客家人入居台湾的时间,开始于清康熙二十三年之后,盛于雍正、乾隆年间。嘉庆、道光、咸丰、同治、光绪各朝仍有客家人陆续不断去台定居,但人数已不多,所走的路线与以上所说的大致相同。在康熙年代,客家人入垦台湾地区,以屏东的高屏溪东岸近山平原为中心,高雄、台南、嘉义等地区也有若干点状的分布。到了雍正年代,客家人入居的中心逐渐移

---

① 陈运栋:《台湾的客家人》,台北:台原出版社1998年版,第99页。
② 同上书,第99~100页。

到彰化、云林、台中一带地区。到了乾隆年代就北移至台北、桃园、新竹、苗栗等一带狭长的丘陵地区。而新竹的东南角山区,迟至道光年间才有客家人进入垦居。

　　关于对台湾客家人的人口数和原籍地的统计,清代各种文献中记载不多,唯有日本人统治台湾时的资料可做参考。大致说来,从粤东及福建汀州府迁台的客家人,分布在桃园、中坜至台中、东势间的丘陵地及山谷间的人数最多;屏东平原东侧倚山之地次之。在台湾东部纵谷地带也有不少客家人集居其间,但他们大多是在后期由西部"客庄"集体搬迁过去的,很少从大陆直接进入。如果按他们原籍的府州县统计,则以嘉应州属(包括镇平、平远、兴宁、长乐、梅县等县)的客家人占多数,约占全部人口的二分之一弱;其次为惠州府属(包括海丰、陆丰、归善、博罗、长宁、永安、龙川、河源、和平等县)的客家人,约占四分之一;三为潮州府属(包括大埔、丰顺、饶平、惠来、潮阳、揭阳、普宁等县)的客家人,约占五分之一强;福建汀州府属(包括永定、上杭、长汀、连城、宁化、武平等县)的客家人最少,仅占十五分之一左右。[①]

第二节　客家原乡民居建筑

　　汀州府自明成化十四年(1478)设永定县后,共辖八县,其中长汀、宁化、上杭、武平、永定等五县为纯客家县。潮州府自清乾隆三年(1738)设丰顺县后,共领九县,其中大埔和丰顺两县为纯客家县。惠州府自清雍正十一年(1733)后,共辖九县一州,其中永安(紫金)、龙川、河源、和平等县和连平州为纯客家县。嘉应州除本州外尚领四县,全部为纯客家县。清代台湾客家人的原乡虽遍及上述的三府一州,但这些地区具有类似的地理位置、自然环境、人文因素和生活方式,因此本书讨论的客家人原乡只限于粤东的嘉应州和闽西的汀州府。这两州位置相邻,地形自东北向西南倾斜,涵盖整个韩江流域上游,自成一个完整的地理区域。客家原乡民居建筑的代表作品当属永定的客家土楼、梅县的客家围垅屋和闽西的"九厅十八井"。

---

　　① 陈运栋:《台湾的客家人》,台北:台原出版社1998年版,第31页。

一、福建客家土楼

福建客家土楼分布于客家人独居的永定县和客家人、闽南人混居的南靖县、平和县、诏安县等部分地区。其形式有圆楼、方楼、五凤楼等。

客家土楼的形态特点为：

一是方形或圆形的规整平面形式，一般为直径或边长在 30～70 米的围合建筑。

二是层数在两层以上，通常为 3～5 层的居住组合体。

三是外墙为生土夯筑的墙体，内部构造为木构架。

四是在中轴线上有全家进行节庆活动的堂屋、天井和祖堂。

五是一层为厨房、餐厅，二层为仓库、储藏，三层以上为个人活动空间的卧室。

六是外部有学堂等附属公共房间。

（一）永定高陂遗经楼

遗经楼坐落在福建省永定县高陂镇上洋村，是当地陈氏 16 世陈华升所建，始建于清嘉庆十一年（1806），咸丰元年（1851）竣工，费时 45 年，经三代人的努力才建成。占地面积约 3660 平方米，不仅规模巨大而且造型独特。

遗经楼的总体布局是当地所称的"楼包厝，厝包楼"的形式，即四层、五层的方楼包围着内院中心单层的方厝，而方楼前又被一层、二层的厝所包围，在楼前形成一个前院。方楼由五层的"一"字形后楼和四层的"冂"字形的前楼围合而成，设一个正门、两个侧门。整个方楼的布局是单元式

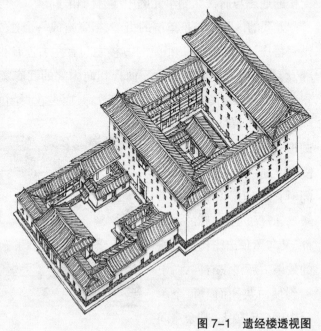

图 7-1　遗经楼透视图

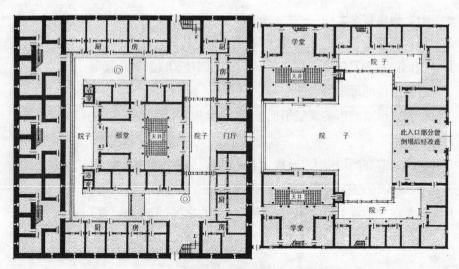

图7-2 永定县高陂镇上洋村遗经楼平面图

与通廊式的结合。后楼由3个完全隔开的标准单元组成,每个标准单元只在底层设一个大门,从内院出入,进门是前厅,前厅后设横梯,三面共6间房间围绕,各层平面相同,房间的隔墙都是承重的夯土墙。前楼是内通廊式土楼,底层为厨房、二层作谷仓、三层、四层是卧房,在两个侧门厅内各设一部楼梯。前楼的通廊与后楼两侧单元的中厅有门相通。

　　方楼的内院中心是单层的祖堂,祖堂自成一个独立的四合院,作为祭祀和婚丧喜庆活动的场所。祖堂与方楼之间有左右连廊相通,前面以漏花矮墙分隔,增加了内院空间的层次。前楼朝向内院的回廊宽约4米,比一般土楼宽得多,而且不像其他土楼那样做成敞廊,而是在封闭的栏板上部用直棂窗分隔,直棂窗间有规律地装点圆形、方形的窗洞,形成既隔离又通透的半封闭暖廊。同时在第四层窗底加一道腰檐,既保护了回廊的木构件,又与屋顶出檐构成重檐的效果。后楼没有回廊,土墙到顶白灰抹面。每个单元中厅窗洞较大,其余房间

图7-3 遗经楼入口

的窗洞很窄,且从上到下窗洞由大到小。后楼的立面洁白、封闭、敦实,与前楼的立面形成色彩、质感、虚实上的对比,产生强烈的艺术效果。

图7-4　遗经楼狮座梁架

前院呈"⊤"形,由两组用作私塾学堂的小四合院、被称为"文厅"和"武厅"的两层楼房和入口门楼围合而成。与四合院相连接的两层楼房呈"L"形,楼前用漏窗花墙隔出窄院,形成相对独立的空间。穿过门楼敞厅进入前院,四层高的方楼便完整地展现在眼前,在左右对称的单层合院的陪衬下更显得高大。

遗经楼的外墙全部为夯土墙,用白灰抹面。一层、二层用三合土夯筑,三层以上用生土夯筑。巨大的歇山屋顶高低错落地盖在高大的土楼之上,正门上部在第四层挑出木构"楼斗",古朴黝黑的木质构件、黑色的瓦顶与洁白的墙面形成鲜明的对比。土楼的窗户全部为花岗石窗框、窗棂,窗洞自上而下逐层缩小,既有利于防卫,又形成退晕的韵律感,更突出了土楼稳定坚实的形象。[①]

遗经楼规模宏大,空间布局好,艺术格调高,建筑气势大。2009年被列为福建省文物保护单位。(图7-1、7-2、7-3、7-4)

(二)永定古竹承启楼

承启楼坐落在福建省永定县高头乡高北村,为江姓族人住宅。始建于明崇祯年间(1628~1644),而后依次向内续建二环、三环和四环,清康熙四十八年(1709)落成。传说夯筑该楼外环土墙时天公作美,土墙未受雨水淋蚀,故又名"天助楼"。

承启楼是内通廊式圆楼的典型。该楼外径73米,占地面积5371平方米,由四个同心圆的环形建筑组合而成。楼中心是祖堂、回廊与半圆形天井组成的单层圆屋,圆屋外三个环形土楼环环相套,形成外高内低的格局。环与环之间

---

① 黄汉民:《客家土楼民居》,福建教育出版社1995年版,第41~43页。

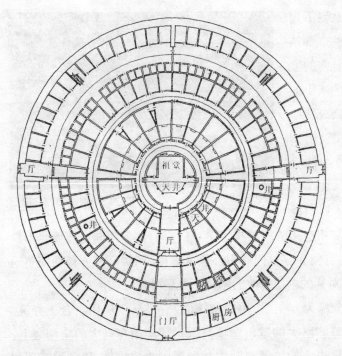

图7-5　永定高北村承启楼平面图

以鹅卵石砌天井相隔，以石砌廊道或小道相连。祖堂是全楼的核心，歇山顶，雕梁画栋，供族人议事、婚丧喜庆等活动之用。内环单层，共32开间，作为女子私塾的书房。中环两层，每层40开间，底层为客厅或饭厅，楼上为卧室。外环为主楼，共四层，每层72开间，设4部楼梯、1个大门和2个边门。底层外墙厚1.5米，底层和二层不开窗。圆形屋顶外向出檐巨大，有效地保护了土墙免遭雨淋。外环楼底层为厨房，二层为谷仓，三层、四层作卧房。全楼共有402个房间，鼎盛时居住800余人，现仍居住300余人。在如此巨大的圆楼中，住房一律均等，完全没有府第式土楼那种家长的尊严和尊卑等级。在中国封建社会中，存在这种平等的聚居方式，真是不可思议。[①]

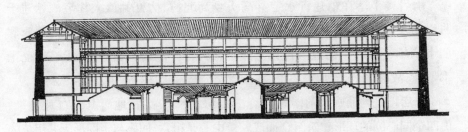

图7-6　承启楼剖面图

---

① 黄汉民：《客家土楼民居》，福建教育出版社1995年版，第13～14页。

承启楼在福建土楼中名气极大。《中国古代建筑史》把它作为客家土楼建筑的典型代表,我国邮电部门以它为样本绘制成一元面值的邮票在全国发行,台湾桃园小人国中还展出了它的模型。2001 年被列为福建省文物保护单位,2001 年被列为全国重点文物保护单位,2008 年列入世界文化遗产名录。(图7-5、7-6、7-7、7-8)

图7-7　承启楼外景

图7-8　承启楼内庭

(三)南靖梅林怀远楼

怀远楼坐落于福建省南靖县梅林镇坎下村,由简氏 16 世简新喜建造,清光绪三十一年(1905)动工兴建,宣统元年(1909)建成。因为建楼的钱是简新喜的兄弟旅居缅甸的简新盛、简新嵩从遥远的南洋寄回来的,为表示怀念和感谢,将该楼取名"怀远楼"。

怀远楼是一座中型的内通廊式圆楼,占地面积 1384.7 平方米,由环形土楼与中央圆形的祖堂两部分组成。环楼高四层,直径 42 米,外墙为夯土墙,楼内为木构架,土坯砖隔墙。环周 34 个开间,中轴线上的门厅及中厅开间较宽,楼梯间稍窄,4 部楼梯沿圆环均匀分布。每层有 29 个房间,底层用作厨房、餐室,二层作为谷仓,三、四层是卧房。卧房呈扇形,各房间大小相同,不分老幼尊卑一律均等。二至四层悬挑 1.2 米宽的走马廊以联系各个房间。三层、四层走马廊的栏杆外侧设腰檐遮雨,檐下的空间可贮物。整个圆楼只

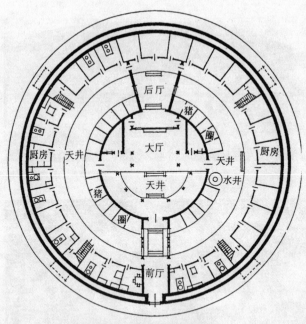

图7-9 南靖县梅林镇坎下村怀远楼平面图

设一个大门。

环楼内院的中心是同心圆的祖堂,为子孙读书、族人议事之所。祖堂正厅前面开敞,左右内回廊连前堂围成半圆形天井,祖堂入口正对土楼大门。祖堂内布局严谨对称,雕梁画栋,雕刻惟妙惟肖,彩绘栩栩如生。祖堂圆形的高墙外布置猪圈、水井。外环楼与祖堂之间形成环形的内院,沿中轴线又以矮墙分隔出前后两个小天井,形成充满生活气息的公共空间。

该楼具有突出的防卫功能。环楼的外墙高12.28米,底层墙厚1.3米,楼基用卵石和三合土垒筑3米多高。外墙底层、二层不开窗,三层、四层也只开小窗。全楼唯一的大门设有牢固的门闩。门洞的横梁上埋3根竹筒直通第二层,可以从二层楼往下灌水,在木门外形成水幕以阻止火攻。在第四层楼梯口外墙四个

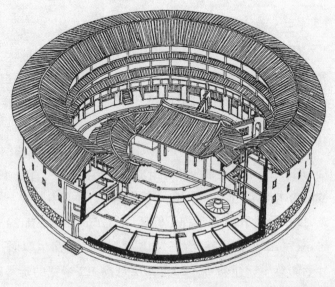

图7-10 怀远楼透视图

方向挑出瞭望台,4个瞭望台可
互为犄角对下射击。[1]

怀远楼 2001 年被列为福建
省文物保护单位,2006 年被列
为全国重点文物保护单位,2008
年列入世界文化遗产名录。(图
7-9、7-10、7-11)

图 7-11　怀远楼外景

(四)永定湖坑福裕楼

福裕楼坐落在福建省永定县湖坑镇洪坑村,建于清光绪六年(1880),
系林德山、林仲山、林仁山三兄弟经营条丝烟刀加工作坊发财后,由林仲山
牵头合建。

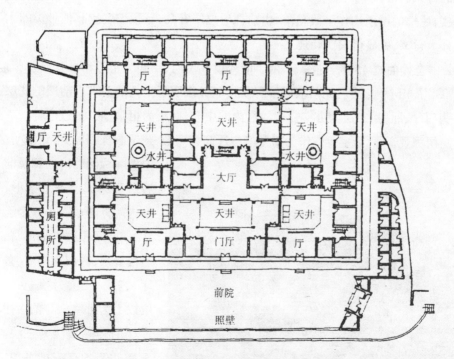

图 7-12　永定县湖坑镇洪坑村福裕楼平面图

---

[1]　黄汉民:《客家土楼民居》,福建教育出版社 1995 年版,第 16～18 页。

福裕楼是五凤楼发展到方楼的过渡类型。五凤楼的下堂相当于这座土楼的两层楼房,延长与两侧三层的横屋相连,中堂建成楼房,后堂五层的主楼扩大与两横相接,构成四周高楼围合更具防卫性的形式。前楼、中

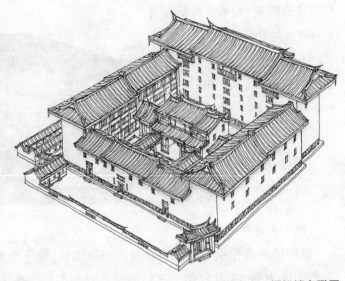

图 7-13　福裕楼鸟瞰图

楼、后楼的屋顶均作三段跌落,由前往后层层升高,屋顶坡度比其他种类的土楼大得多,更显得宏伟壮观。

全楼面宽 45 米,进深 37 米。前楼设 3 个门,中间为正门,大门两边刻对联"福田心地,裕后光前",既解释了楼名又表明了主人的追求。前楼的底层为门厅、厢房,二层为卧室。中楼居内院中心,底层为祖堂、厢房、过道等,二、三层为观音厅、卧室等。作为祖堂的中厅高大宽敞,雕梁画栋,装饰精致华丽。中楼与两侧的内通廊及前后厢房组成"艹"字形,将内院分隔成大小 6 个天井,使空间层次更加丰富。后楼五层,底层为厨房、餐厅、客厅,二层为粮仓,三层以上为卧室。与前后楼连接的两侧横楼为三层。土楼外侧各有一排平房,分别设厕所、猪圈、杂物间、磨房、碓房。南侧围墙

图 7-14　福裕楼外景

内有一座三间一厅两层的小院,作为学堂。楼前是窄长的前院,院前的照壁紧临溪边,院门设在围墙东北侧,显然是风水上的原因。[①]

福裕楼 2001 年被列为福建省文物保护单位,2001 年被列为全国重点文物保护单位,2008 年列入世界文化遗产名录。(图 7-12、7-13、7-14、7-15)

图 7-15　福裕楼山墙灰饰

(五)永定湖坑振成楼

振成楼坐落在福建省永定县湖坑镇洪坑村,系曾任民国众议院议员、民国中央参议院议员的林逊之所建,1912 年建造,耗资 8 万光洋,历时 5 年建成。

振成楼是内部空间配置最精彩的内通廊式圆楼。圆楼由内外两个环楼组

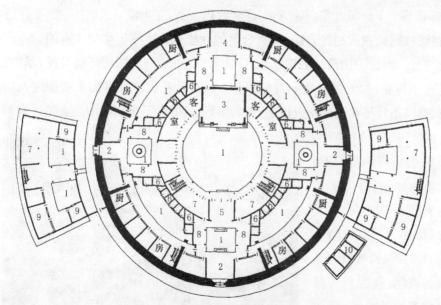

图 7-16　永定县湖坑振成楼平面图

---

① 黄汉民:《客家土楼民居》,福建教育出版社 1995 年版,第 72~74 页。

图 7-17　振成楼外景

成,占地面积约 5000 平方米。外环楼四层,环周按八卦方位,用砖墙将木构圆楼分隔成 8 个单元,每单元 6 间,楼中对称地布置 4 部楼梯。走马廊通过隔墙的门洞连通,砖隔墙起到了隔火的作用。走马廊的木地板上还加铺一层地砖,也起到防火作用。第三、四层外墙开窗,走马廊的木栏杆做成"美人靠",人们可以依栏而坐,这在客家土楼中是不多见的。开一个大门、两个边门。正门朝南偏东 20 度,两边石刻对联"振纲立纪,成德达材",既注释了楼名的含义,又表明了楼内居民的人生观与行为准则。

内环楼由两层的环楼与中轴线上高大的祖堂大厅围合而成,中间是用大块花岗石板铺地的内天井。楼房底层用作书房、账房、客厅,二层为卧房,设 2 部楼梯上下。祖堂平面为方形,攒尖屋顶,正面立 4 根西式风格的圆形花岗石柱,柱间设瓶式栏杆,这种中西合璧的做法也是客家土楼中少有的。内环楼二层的回廊采用精致的铸铁栏杆,花饰中心是百合,四周环绕兰花、翠竹、菊花和梅花,意为春夏秋冬百年好合。这种铁花栏杆在客家土楼中绝无仅有,据说当时是在上海制造加工,然后用船运到厦门,再从厦门雇人工挑到永定湖坑的。

内外环楼之间用 4 组走廊连接,将环楼间的庭院分隔成 8 个天井:圆楼大门入口门厅前的天井与两侧敞廊形成的空间,作为进入祖堂内院前的过渡,增加了层次,也起到烘托祖堂气氛的作用;后厅前

图 7-18　振成楼内景

的小天井与两边的敞廊构
成更有私密性的内部活动
空间；圆楼两个侧门正对
的是方形天井，天井东西
两边各有一口水井，供日
常洗刷、饮用，充满生活气
息；底层厨房前面隔出的
4 个弧形天井，内置洗衣
石台、摆设花木盆栽，形成
亲切宜人的居住环境。

图 7-19　振成楼内院

　　在外环楼两侧各有一
幢半月形的二层楼房，形
如乌纱帽的两翼。一幢为
学堂，一幢为条丝烟刀加
工作坊。均以砖砌围墙围
合天井自成院落，有拱门
与外环楼的边门相通。①

　　振成楼以内部空间设
计精致多变而著称，同时
也是中西合璧的生土民
居建筑的杰作。1985 年该

图 7-20　振成楼主厅

楼模型作为中国建筑模型之一，在美国洛杉矶国际建筑模型展览会上展出。
1991 年被列为福建省文物保护单位，2001 年被列为全国重点文物保护单位，
2008 年列入世界文化遗产名录。（图 7-16、7-17、7-18、7-19、7-20）

二、客家围垅屋

　　广东北部以梅州市为中心集中分布着一种客家土楼民居，俗称围垅屋。
其平面由前后两部分组成：前半部是由堂屋与横屋组合而成的合院式建筑，

①　黄汉民：《客家土楼民居》，福建教育出版社 1995 年版，第 20～22 页。

最常见的是"三堂两横",还有"双堂双横"或"双堂四横"等形式;后半部是半圆形的围屋,又称"围垅屋",作为杂物间或厨房,位于正中的一间称为"垅厅",是祭神的场所。在堂屋和围屋之间形成一块半圆形的斜坡地,当地称为"花胎",含胎息之意,是风水要地。大门前为晒坪和半圆形的水池。整个住宅的总平面布局是,中间为方形,前后两端的水池与花胎为两个半圆形,据说这种寓意吉祥的组合源于古代中原地区贵族屋村的形式。

这种客家围垅屋,可以不断扩建发展以适应大家族聚居的要求。沿纵向发展由单门楼堂屋、二堂屋或三堂屋,后面再加围屋,有一围、二围、三围或多围垅。后来也有把半圆的围垅屋改成"冂"字形的"枕头屋";沿横向发展可以由一横屋、二横屋增加到四横屋、六横屋;也可向上发展,由平房到楼房,常见为两层楼,但是中堂作为祖堂和公共活动中心一般只建单层,空间特别高大。

围垅屋多依山而建,围屋沿山坡升起,整个建筑群前低后高,层次分明,颇有气势,俗称"太师椅"式,形象地表达了建筑与山势的稳定结合。

围垅屋的内外墙均为夯土墙,而且外墙常用三合土湿夯,异常坚实。半圆形的围屋既可挡风又可防止山洪的冲击,因此它成为粤北客家最常见的一种住居形式。(图7-21)

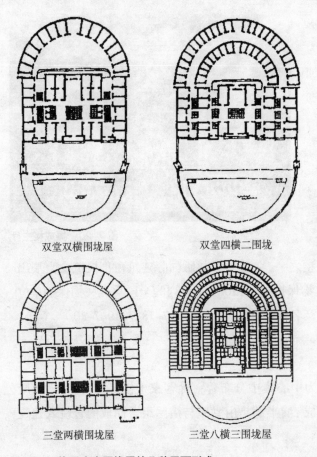

双堂双横围垅屋　　　　　双堂四横二围垅

三堂两横围垅屋　　　　　三堂八横三围垅屋

图7-21　梅县客家围垅屋的几种平面形式

（一）梅县白宫棣华居

棣华居坐落在广东省梅县白宫镇富良美村，1918年建成，是粤北客家围垅屋的典型实例，其平面布局是最有代表性的"三堂两横两副杠一围"的形式。

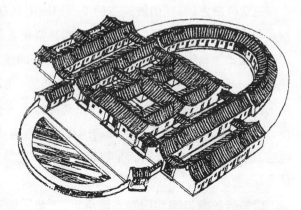

图7-22　梅县白宫镇棣华居

"三堂"即中心线上的下堂、中堂与上堂，均为五开间。下堂为入口门厅，厅两侧为下堂间；中堂明间为大厅，是家族日常起居和婚丧喜庆活动的空间，次、梢间为中堂间，作卧房；上堂明间为主堂，设神龛置祖先牌位以供祭祀，次、梢间的上堂间也是用作卧房。三堂之间围合两个天井，天井两侧为上下花厅。

"两横"即三堂两侧连排的横屋，三堂与横屋之间隔着纵长的天井，以廊子相连。两排横屋的外侧又建与之平行但不对称的两排横屋，俗称"副杠"。右侧副杠为书斋，设副杠厅、书房、天井和回廊；左侧的副杠隔成小间，作厕所、猪舍和杂间。

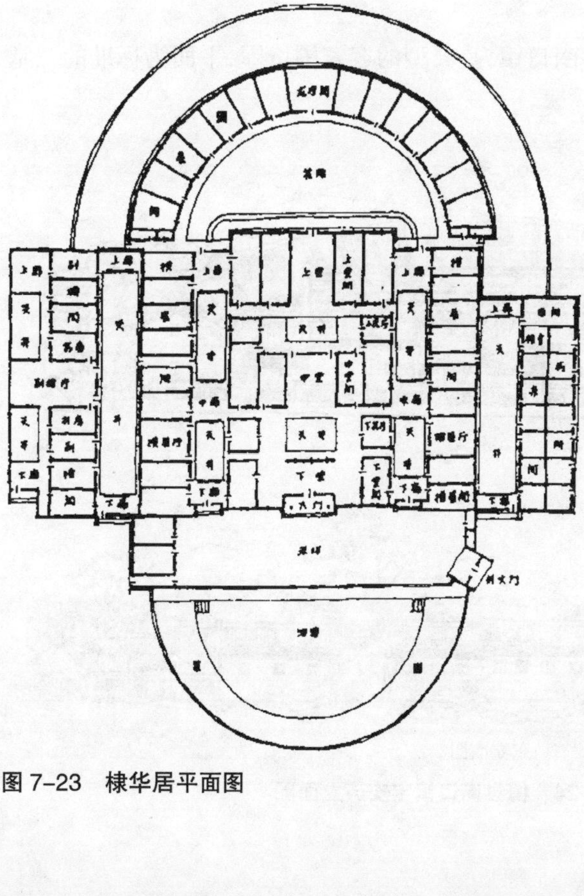

宅内严格按辈分大小分居，长辈住上堂间，次辈住中堂间、下堂间，小辈住横屋，奴婢、长工住副杠间。

图7-23　棣华居平面图

　　三堂两横之后,随山坡建造的半圆形围屋共有15间,作为家族内各户的厨房与杂间。围屋当中一间开间较大,是祭祀天神、风水龙神的场所。围垅屋建在坡地上,前低后高,围出的半圆形内院的地坪也是斜坡。"花胎"是晾晒衣物的场地,地面铺河卵石,既排水又防滑。围垅屋的外围又建一圈半圆形的围墙,墙内种植松柏、龙眼、沙田柚等常青大树,既挡北风又能调节小气候,还能阻山洪保住水土。半圆的围垅屋与大门口禾坪前半圆形的水塘遥相呼应,构成完美的组合,既满足建筑空间构图完整性的要求,又有风水意义上的作用,更蕴含合家团圆美满之寓意。

　　棣华居的内外墙均用夯土墙承重,土墙用掺糯米浆、红糖水的三合土夯筑,异常坚硬。整个建筑中轴对称,布局严谨,主次分明,对外封闭,对内开敞。其外观似乎较朴素,内部却很华丽:入口门厅的屏风和花厅的门扇均饰精美的木雕,木构梁枋施精致的彩绘,中堂前的天井中置花木盆栽,构成华美舒适的居住环境。(图7-22、7-23)

(二)梅县南口宇安庐

　　宇安庐位于广东省梅县南口镇,是典型的客家围垅屋,平面为标准的三堂两横加一圈围垅的形式。

正立面图

东立面图

图7-24　梅县南口镇宇安庐立面图

该宅坐南朝北。三堂屋均五开间面宽，第一进屋的明间即下堂，用作门厅，入口处理成凹廊式，门厅正面立屏风，从屏风两侧的门进入内天井。第二进屋的中堂占三个开间，前有檐廊，这里空间最为宽敞，作为宅内公共活动的场所。第三进明间为后堂，次、梢间分前、后房，作为长辈的居室。二进、三进之间分隔成 3 个小天井，与一、二进间的回廊大天井迥然异趣。堂屋后面是半圆的围屋，它由正中的垅厅与 14 间扇形平面的房间构成。围屋与堂屋之间只隔一通道，通道的东西两端设侧门通室外。

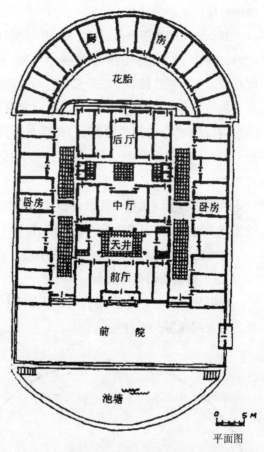

图 7-25　梅县南口镇宇安庐平面图

两排横屋纵列左右，与堂屋之间用连廊联系，并分隔成纵长的 4 个天井。横屋共有 4 个厅 16 间卧室，都面对天井朝向堂屋，这里是晚辈居住的空间。

主体建筑前面是大禾坪，作为族人聚会活动和谷物晾晒的场地。禾坪前有一半月形水池，既可养鱼又可灌溉，并兼有消防蓄水的作用。

整座建筑内外墙均为夯土墙。墙体厚实，对外只有小窗洞。建筑依山坡建造，前低后高，围垅屋部分更是随坡高起，远望整个外形像一张"太师椅"，更显匀称、端庄、稳重。（图 7-24、7-25）

（三）梅县南口拔翠围

拔翠围又名光裕堂，位于广东省梅县南口镇南龙村，为祖籍闽西上杭的潘氏家族居住，建造至今约二百余年。该宅是梅县规模最大的围垅屋之一，而且是罕见的母子围垅的形式，即以一个"三堂四横双围"的大围垅屋为中心，两侧贴建两个小围垅屋。

中心的大围垅屋规模巨大,而且中堂屋特别高大,中堂用作祖祠。"四横"中内二横为 10 间连排的单层平房,外二横为 10 间连排的两层土楼。两圈围屋高高隆起,内围 16 间,外围 32 间,均不设垅厅。外围屋最高处房间的地坪与下堂前禾坪的高差近 5 米,这在粤北客家围垅屋中也属少见。围屋前的半圆形内院纵横方向均为曲面,与堂屋前下凹的收纳雨水的方形天井恰成对比:一方一圆、一凹一凸、一收一发、一阴一阳,构成客家围垅屋极有特色的形式与内涵。

两侧的小围垅屋也是三堂两横式,中轴线上为上中下三堂,两边为两层楼的屋,8 间连排,后围垅也是两层土楼,每层 15 间。

拔翠围三组围垅屋并排,一大两小组合,形式罕见,气势恢宏。

(四)梅县南口南华又庐

南华又庐位于广东省梅县南口镇侨乡村,建于清光绪三十年(1904),是粤北客家围垅屋的一种变异形式。

该宅坐西朝东,前半部仍为三堂两横的布局,只是北侧增加一排杂间,南面对称围出花园。后半部不是半圆的围垅屋而是"冂"字形的"枕头屋",屋后是封围的果树。屋前是与建筑等宽的禾坪和水圳,禾坪矮墙围合,开一个正门两个侧门。整个建筑布局严谨,中轴对称,内部空间丰富。中间的"三堂",实为三组三开间的三堂屋并列,

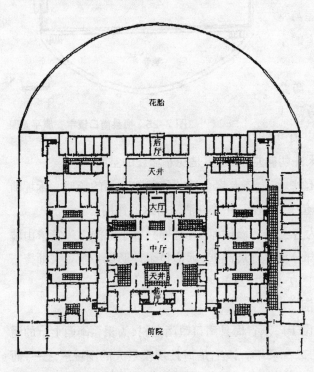

图 7-26　梅县南口镇南华又庐平面图

既分隔又联系，形成 6 个厅 6 个天井。这里是家人公共活动的场所，重要仪式典礼时长辈居上堂，晚辈只能呆在下堂，严格按辈分排列使用。堂屋与两侧的横屋之间隔开一条长长的巷道。

横屋为单元式布局，是晚辈的住所。每个单元五开间，明间为厅，厅对前面的天井开敞，而且厅不像常规的布置那样面向堂屋，而是朝前面东。两侧横屋共有 8 个单元，形成 8 个厅 8 个天井。每个单元自成独立庭院小屋，俗称"屋中屋"。

该宅的室内装饰讲究，木雕花饰、陶瓷花窗都十分精致。庭院中遍植花木，创造了舒适的居住环境。

南华又庐环周建筑均为两层土楼，外墙用三合土夯筑，屋宇纵横交错，曲线型山墙整齐并列，屋后枕头屋的两角还伸出两座方形碉楼，是粤北客家围屋的优秀范例。[①]（图7-26）

三、闽西"九厅十八井"

在福建省的长汀、连城一带有一种合院式平面布局的民居建筑。闽西客家地区通常将这种院落重重、天井多多的合院式建筑称为"九厅十八井"。"九"和"十八"不是确数，而是形容它的厅堂和天井之多。这种建筑形式在我国南方的闽、粤、赣、湘各省均有存在，只不过是叫法各不相同而已。如在闽南的泉州民居称为"九十九间"，而在粤北的始兴民居称之为"九栋十八厅"。严格地说，它应归类于闽、粤、

图 7-27　连城县宣和乡培田村外景

---

① 黄汉民：《客家土楼民居》，福建教育出版社 1995 年版，第 76～84 页。

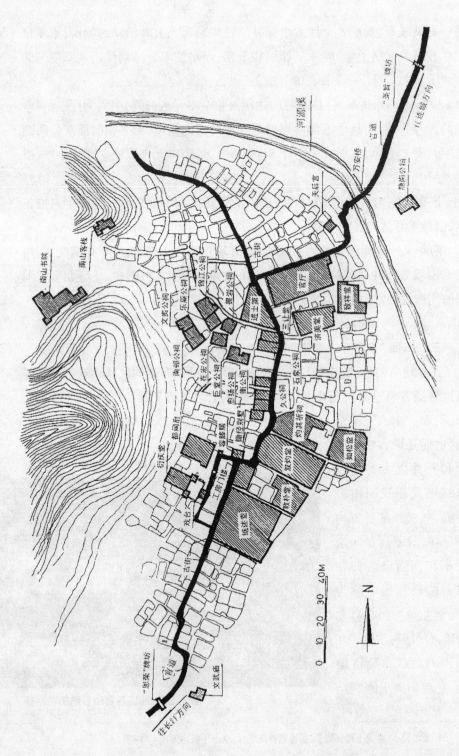

图 7-28 培田村总平面图

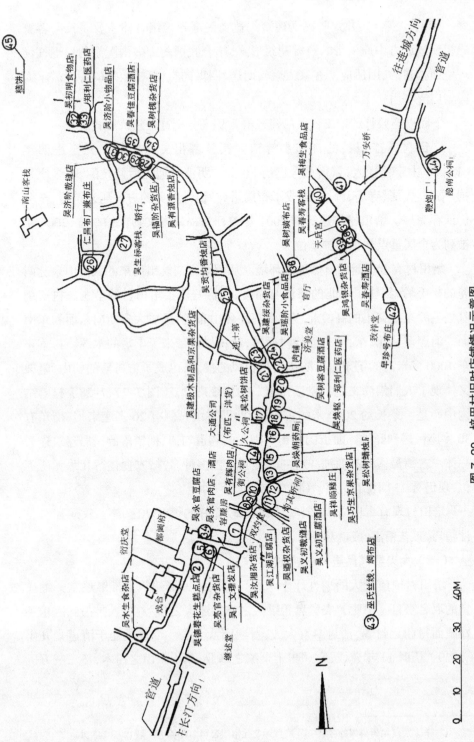

图7-29 培田村旧时店铺情况示意图

赣一带的"三合天井式"民居建筑。这类民居建筑组合体主要是按照客家原祖籍地北方中原一带的合院建筑形式,结合我国南方多雨潮湿的地理气候环境而构建的,因适应了客家人聚族而居、四世同堂、尊祖敬宗的心理需求而得到广泛应用。

下面以连城县的培田古民居建筑群为例来分析这种建筑形式。①

培田村属连城县的宣和乡管辖。其开基祖吴八四郎在元至正四年(1344)由宁化迁入,繁衍至今已历30世。明清时期先后修建的50多座宗祠、书院、民居、寺庙、牌坊,构成了布局讲究、设计精美的古民居建筑群,至今仍保存完好。培田村古建筑群2001年被列为福建省文物保护单位,2006年被列为全国重点文物保护单位。

培田村有着优越的自然地理环境。从西北方向蜿蜒而来的武夷山余脉南麓的松毛岭,挡住了西北的寒流与霜害,也恰好成了培田村的坐龙。村落绕着松毛岭东坡突出的高岭北、东、南三面环山布置,民居大多朝向东面和东南面。河源溪从北、东、南三面绕村而过,给古村落带来了丰足的水源。村落正东1000多米高的笔架山可防御夏秋台风的侵袭,也成了古村落的朝山,笔架又体现了人们崇尚文化、"耕读传家"的传统理念。(图7-27、7-28)村落结构中心是一条长约2000米的古街,街西即靠山一侧有20多座宗祠,街东有30多座民居和驿站。曲折的古街与幽深的巷道勾通,把错落的民居建筑连为一体。古街最盛时有商铺40多间,经营范围多种多样,衣食住行几乎无所不包,现仍有23间保存完好。(图7-29)

培田村现有古民居30余座,保存比较完好的仍有20余座。民居建筑设计精巧,工艺精湛,成就甚高。

(一)大夫第式民居——继述堂

培田村规模最大的"九厅十八井"合院式民居建筑当推继述堂。继述堂的取名来自《中庸》"夫孝者善继人之志善述人之事"。主人吴昌同因乐善好施而得朝廷封赐,诰封奉直大夫,晋赐昭武大夫。继述堂建于清道光九年(1829),历时11年建成,它"集十余家之基业,萃十余山之树木,费二三万巨

---

① 陈日源:《培田辉煌的客家庄园》,国际文化出版公司2001年版,第120~143页。

金,成百余间之广厦,举先人之有志而未逮者成于一旦"①。

继述堂的平面布局规模宏大,占地面积 6900 平方米,有 18 个厅堂、24 个天井、108 个房间。继述堂前的广场当地人称外雨坪,坪边原有月塘和围墙,现已毁。门楼高大宏伟,门前刻有对联"水如环带山如笔,家有藏书陇有田",形象地描绘了周边环境之美和主人对耕读文化的追求。主体建筑为四进。过了前厅进入一个大的庭院,庭院两侧隔一花窗墙,墙后各设有一个侧厅堂,

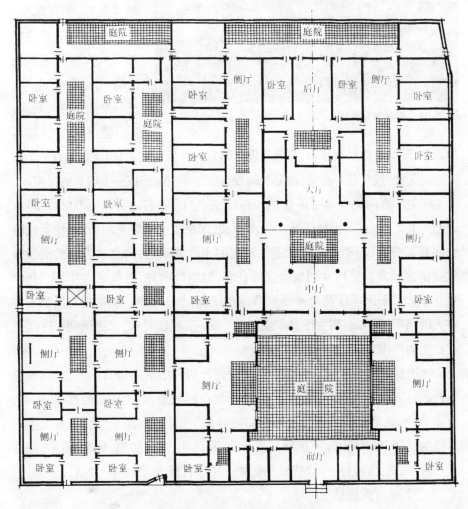

图 7-30　培田村继述堂平面图

---

① 光绪《培田吴氏族谱》卷之终《继述堂记》。

图 7-31　继述堂立面图

自成一厅两房带小天井布局。过了大庭院来到挂有"大夫第"牌匾的中厅,过天井上台阶之后进入大厅。中厅、大厅联成一体,雕梁画栋,婚丧嫁娶、会客、议事往往在这里进行。大厅两侧设主卧房,分成前后间。再过一个天井进入后厅,后厅是主人生活起居的内宅,装饰装修朴素典雅,空间尺度亲切宜人。后厅之后、围墙之前有一个长方形的天井,栽有花卉盆景,这里的幽静与前厅的喧闹形成一个明显的反差。

在主厅堂两侧安排了横屋,采用的是左边 1 列、右边 3 列的不对称布局。因侧天井太长,在其上做了数个过水廊,既解决了交通联系问题,又使侧庭院空间有了分隔,不至于一览无遗。该宅的主厅堂面东,与之成直角的横屋自然是南北朝向。虽然 4 列横屋房间众多,但因朝向好、光线足、空间大,每个独立单元又采用一厅两房平面布局,使用起来十分方便。从这里也反映出客家人的精明,既考虑到主厅堂华丽高大,满足了礼仪要求,又照顾到平时居家过日子的使用方便。

继述堂的建筑装饰非常精彩。无论是外雨坪中的一对石狮石鼓、两根纹龙旌表,还是门楼燕尾高翘的屋顶、檐下醒目的灰塑,或是厅堂的梁柱、穿顶、窗扇等处,无不精雕细刻。地板为"三合土"结构,由沙子、黄泥、石灰掺入少量的红糖、糯米夯成,不但坚固耐久,不易风化,而且防潮、抗磨、耐压,经过近二百年的风雨侵蚀,至今仍然平整如一块大石板。(图 7-30、7-31)

（二）驿站式民居——官厅

官厅又称"大屋",是吴氏接待过往官员、商客的地方。土地革命时期,这里是红军指挥机关所在地,红军长征之前曾在此召开最后一次重要的军事会议。

该宅建于明崇祯年间，占地面积约 5900 平方米，五进带横屋中轴对称式布局。官厅前设围墙、半月塘、外雨坪。外雨坪石栀矗立，石狮把门，加上"门当户对"，气度不凡。门庐设有双重屏风，过门庐之后进入内雨坪，又有一对石旗杆。进入书写有"斗山并峙"的内门后才是前厅，随后是中厅、大厅、后厅。后厅为两层楼阁，楼下厅为学馆，楼上厅为藏书阁。

官厅有四大特色：一是建筑功能齐全。它既是客栈、书院、图书馆，又是民宅，集政治、经济、居住、教育为一体。二是接待等级分明。由彩色卵石砌成双凤朝阳图案的甬道，只有达官贵人才能行走；中厅砌"三泰阶"（俗称三字阶），五品以上官员方能在此入座。三是建筑色彩协调。室内暗部多用蓝、绿色彩，显得庄重、肃穆；亮部饰以朱红色，给人热情洋溢之感；梁架、窗雕等重要部位鎏金，显得富丽堂皇。四是工艺

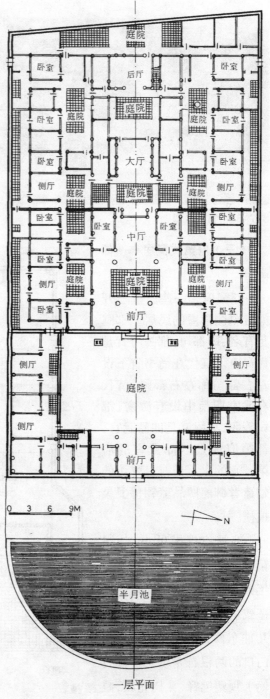

图 7-32 培田村官厅平面图

图7-33 官厅入口

精湛。屏风、梁架、窗扇等采用透雕、浮雕等技法,工艺之精可列全村民居之首。(图7-32、7-33)

(三)府第式民居——都阃府

都阃府是一座三进三开间带单侧横屋的民居。都阃是官名,即都司,都阃府就是都司府。汉代在尚书省下设左右都司称左右都阃,清代在武官职衔中设有游击、都司等职,都阃就是四品武官,都阃府就是四品武官的府第。它的主人是村口牌坊的建造者御前四品蓝翎侍卫吴拔祯。

都阃府规模虽小,却很精细。可惜该府第在1994年毁于一场大火,只剩下断壁残垣。都阃府遗留下来的几件东西,值得一提。一是门口的两根石龙旗(也称石笔),顶塑笔锋,斗树龙旗,威武挺拔,直插云天,它是主人

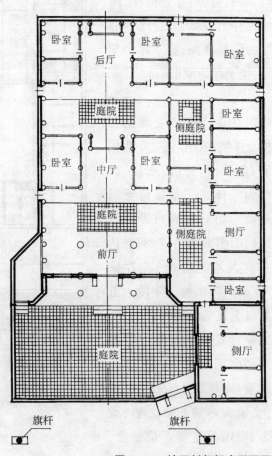

图7-34 培田村都阃府平面图

文武竞秀的象征。二是前庭院中用各式河卵石精铺而成的"鹤鹿同春图"。图中无论是鹤是鹿是松都形神毕肖、活灵活现，传说中秋月圆万籁俱寂之时还可听见鹿鸣，看见鹤舞呢！三是一块 800 余字的介绍主人生平的石碑，由清兵部尚书贵恒篆额，户部主事李英华撰文，泉州人状元吴鲁作

图 7-35　都阃府鹿鹤同春铺地

书，北京琉璃厂名师高学鸿刻石，通称四绝。（图 7-34、7-35）

（四）围垅屋式民居——双灼堂

双灼堂在培田古民居中建筑最精湛。它为四进三开间带横屋对称布局，又因前方后圆的"围垅屋式"平面而别具一格。该宅建于清后期，占地面积约 1320 平方米。门庐横批"华屋万年"，藏主人吴华年名字于头尾。过了门庐进入一个中型庭院，庭院两侧对称设有一对侧厅堂，自成一厅两房带小天井布局，分别有小门与庭院和横屋联系。过了前厅、中厅、后厅之后进入一个横向庭院，即围垅屋的后龙，后龙设 1 厅 10 房，作为杂物间。

双灼堂装饰的主要特色有两个：一是建筑装饰精细。厅

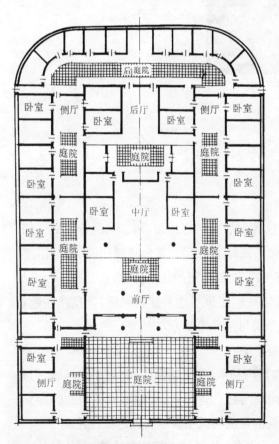

图 7-36　培田村双灼堂平面图

堂的屏风、窗扇、梁头、雀替等部位都精雕细刻,雕刻的图案惟妙惟肖、含义深刻。尤其是堂前8块窗扇上每扇浮雕一个字,连起来为"孝、悌、忠、信、礼、义、廉、耻",突出四维八德,训化以德治村,以德持家。二是屋脊装饰考究。屋脊飞檐高挑,陶饰精细,明墙叠檐三折的曲线,左右对称昂首吞云的双龙,技艺精湛,令人叹服。(图7-36、7-37)

图7-37　培田村双灼堂后庭院

第三节　台湾客家派民居建筑

一、台湾客家民居建筑特点

至清末光绪年间,台湾的客家人聚居地区形成东、西、南、北分散的结局。东部为花莲,中部为东势,南部包括高雄、屏东,北部包括桃园、新竹与苗栗。这些地区多接近山区,不靠海,自成一种较封闭的状况,相对也保留了较多的传统文化。在民居建筑上,有着独特的建筑观念和建筑风格,并反映在建筑材料、平面布局、屋身高度、屋顶形式与屋脊线条等方面。

(一)台湾南北客家民居的差异

台湾南北两地的客家人虽然祖籍相同,都来自嘉应州、惠州及汀州,但是渡台百年之后,由于交通隔绝、地理与社会等因素,逐渐形成了南北的差异。不但语音有些不同,而且民居建筑的形成与风格发展有其地域特色。

在地理因素方面,北部的桃园、新竹、苗栗与南部的高雄、屏东的气候、水文、生态有较大不同。北部多雨潮湿，南部炎热干燥。因此北部民居以砖造为主，南部以土造、木造为多；北部屋顶多用硬山式，南部多用悬山式，以增加遮阳防热的功能。南部平原受台风侵袭的频率高，屋顶的坡度较缓；北部山区有山为屏障，屋顶的坡

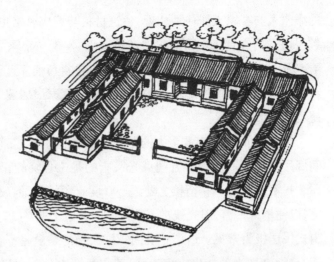

图 7-38　台湾北部客家民居 "五间见光"
（录自李乾朗《台湾传统建筑匠艺》）

度较陡，以利于排雨水。北部地区湿冷的丘陵适合种茶，农宅前的禾坪（即晒谷场）面积较小；南部高雄、屏东一带的稻米每年有两熟至三熟，禾坪面积较大，但两地都采用中轴左右对称。

　　在社会因素方面，台湾北部的客家民居长期受到毗邻的漳州人或泉州人影响，已有变化发展的现象；而南部民居身处较完整的客家文化圈里，外来影响较弱，保存了较多大陆原乡嘉应州、惠州一带建筑的特征。在闽南、闽西，永定的客家人与南靖的漳州人相邻而居，有些地方甚至是混居而不可分的。在台湾也有相同情形，北部客家村庄多与漳州人相邻，互相影响不可避免。如桃园

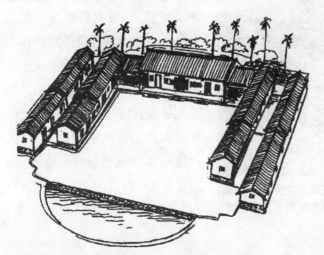

图 7-39　台湾南部客家民居 "五间廊厅"
（录自李乾朗《台湾传统建筑匠艺》）

的漳州人与客家人居住地相近,建筑材料与形成风格也相似。台湾的李乾朗教授通过调查台湾数百座民居建筑实例,发现一个重要现象,即建筑年代在清末及20世纪初的客家民居建筑,建筑材料与细部造型受到闽南人的影响,特别是漳州派建筑的影响。如桃园台地的客家民居建筑普遍用红砖,屋脊燕尾也接近漳州式。

在平面布局上,南北最大的差异在于北部采用"五间见光",南部则用"五间廊厅"之制。所谓"五间见光",指的是三合院的正堂左右第五间房与横屋(护室或厢房)相衔接之处,呈90度直角相接,但故意向外偏三尺或五尺宽,以便增辟一窗,引光线进入正堂内的巷道(图7-38)。这种做法在台湾闽南式民居极为常见。所谓"五间廊厅",指的是横屋不直接触及正堂,在两者相交成90度之处让出一个走廊,其空间性质介于廊与厅,故谓之廊厅,闽南人称之为"过水廊"或"过水亭",意指它具有挡雨的功能。台湾南部客家民居喜用这种五间廊厅的平面格局。[①](图7-39)

(二)台湾客家民居建筑重视风水

比较台湾的客家建筑与闽南建筑,客家人更重视风水学。客家人自中原数次大迁徙,当他们在定居南方闽、粤与赣三省交界地带的山谷时,耕读成为传家的精神。闽西、粤东一带地形复杂,除了崇山峻岭之外还布满了溪谷,这种地形原本就很适合风水寻龙点穴理论的实践。为求功名利禄以出人头地,风水之说特别深入人心也是自然的。因此凡是望族富户及士大夫阶层的宅第无不遵照风水理论,而平民百姓则采取随遇而安的态度,得到庇荫之所即可满足。(图7-40)

台湾沿海通商口岸如基隆、

图7-40　关西罗宅是台湾北部典型客家建筑,环境优美(录自李乾朗《台湾传统建筑匠艺》)

---

① 李乾朗:《台湾客家民居特质浅析》,《台湾传统建筑匠艺四辑》,台北:燕楼古建筑出版社2001年版,第55～57页。

淡水、新竹、梧棲、鹿港、北港、台南及高雄等港口,历来为闽南漳、泉移民所控制,客家人多定居内陆地区,多从事农耕。因此客家村庄基本上是一种农业经济的社会,农业生产与土地形成密不可分的关系,客家人对土地也产生安土重迁的情结。这可从清代的义民与抗日义军得到验证。光绪二十一年(1895)台湾被割让给日本时,组织抗日义军的有不少客家领袖,重大的战役发生在客家地区,甚至义军中出现了妇女,这都是客家人与其所开垦的土地有着深厚情感所致。

总之,地理条件、传统伦理思想和农业生产是客家人特别重视风水的原因。据李乾朗教授的调查所见,客家人的住宅与聚落呈现共同的设计与规划理念。体现在民居建筑方面有下列特点:

其一,三合院多为农宅,四合院多为士绅住宅。四合院包围内院与居住者要求私密性有关。

其二,当人丁兴旺时,多采用增建左右横屋解决住房问题。为了实际用途,并符合双伸手环抱的风水理论,常有外横屋的长度长于内横屋的做法,使禾坪构成凸字形的空间。

其三,禾坪之前凿水塘,正堂背后有小丘或树丛,符合"前水为镜,后山为屏"的空间概念,其实是源于"负阴抱阳"与"引水界气"的风水理论。

其四,房屋四周的排水道,从后流向禾坪两侧再汇聚入池。池形多辟为半月形,象征环带之水。按风水术,水流出的方向据说有求财或求丁的区别。为使天地之间的气能贯通,院子地面常铺卵石以利于渗水。

在村庄聚落方面,客家村庄呈现下列特点:

其一,村落以祠堂或地方守护神为中心,神明较少,不像闽南人所崇祀的神主多达十多种。客家神明尚保存只供牌位、不重塑像的汉人古远的传统。

其二,村落四周建伯公庙(即土地公庙),具有镇守四方的象征意义。客家的伯公庙只置后土石碑,不一定供奉塑像,这也是古礼制。

其三,台湾客家庄常在村落一角择良址建惜字炉,定时焚烧字纸,以示对造字神仓颉的尊敬,求得地方繁荣、人才辈出。如今台湾的龙潭、佳冬、新埤皆可见之。①

---

① 李乾朗:《台湾客家民居特质浅析》,《台湾传统建筑匠艺四辑》,台北:燕楼古建筑出版社2001年版,第59~61页。

二、台湾客家民居建筑实例

（一）彰化永靖陈厝余三馆

永靖余三馆为潮州饶平客家人陈氏后裔陈有光所建,建于清光绪十五年（1889）,不过实际的建筑年代可能更早。清光绪年间,陈有光由捐纳获得"贡元"的荣衔,在祖堂基础上扩建住宅,取名"创垂堂"。现正厅内悬有同治十二年（1873）所立贡元牌匾。这幢建筑在格局上和细部表现都很有特色,是台湾古建筑中的重要作品之一。

余三馆为单进四护龙的三合院建筑,有独立的三开间门楼。整座宅第有内外两层的围墙围护,颇具特色。内护龙左右对称,以矮墙围出正堂前的内庭,正堂前是歇山式的轩亭。外护龙比内护龙长,伸到外墙旁,因此所形成的外庭就显得宽大多了。一般的台湾民居,只有在正堂才设置独立的厅,两侧厢房顶多只有对称而已。该宅的内护龙却设有厅,为一明二暗形式,且其入口有檐柱,显然为一完整的正面,有点类似孔庙中的东西庑。正堂前带轩亭的做法也是其显著的特色。轩亭由 4 根梭柱支撑,歇山屋顶由四架卷棚顶屋面构成。宅主虽获有功名,但仍作马背式屋脊,这是清末的特殊现象。

该宅的细部处理很有特色。上下收分的梭柱比例匀称,可能是同样的民居中最优秀的。轩亭的木架结构角隅处,有丰富的雕饰,但却出现横拱,这是台湾木作斗拱中较特殊的例子。木雕艺术主要集中在梁架和门窗上,雕琢风格纤巧细腻。彩画的画法多样,其中浮塑彩画为全台罕见。斗砌墙以红砖与青砖混合,具有粤东风格。内庭的隔墙前面嵌上绿釉花砖,后面叠砌砖花,颇有创意。[①]（图 7-41、7-42）

图 7-41　彰化永靖陈厝余三馆鸟瞰图

---

① 李乾朗:《台湾建筑史》,台北:雄狮图书股份有限公司 1979 年版,第 180 页。

（二）云林斗六吴宅

该宅为清末斗六秀才吴克明所建，约建于光绪十五年（1889）前后。日占后因部分朽毁才改建为西式风格建筑，但却仍将原有的木雕构件嵌入砖墙，形成非常特殊的混合建筑。

住宅坐北朝南，三落式。大门

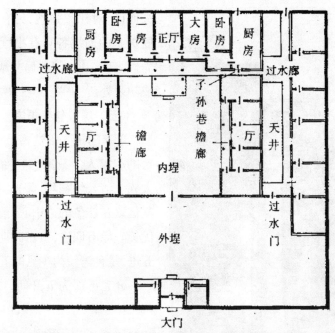

图 7-42　永靖陈厝余三馆平面图

为台湾民居中唯一的重檐歇山式三开间门，因上下檐的距离太短，中间以砖块花砌成通风孔，下檐的垂脊直接顶住上檐的角隅飞檐，屋檐下有西式的线脚装饰，此为广东匠师的作品。第二进也是三开间的独立建筑，前有长方形的轩亭，两侧有护龙，中间以拱门式"过水"连接。厅堂虽为三开间，但没有用隔扇门分隔，因此内部连成一个大空间，显得异常开敞。居中的明间安放神龛，并配置太师椅，两旁的"次间"另有附属家具摆饰。这样豪华的客厅，在台湾并不多见。最具特色的是轩亭上的木架出挑结构，其复杂有如藻井。经改建后加入的西式拱圈及柱式均用洗石子，做工很细，柱身有凹槽，柱头颇复杂，为中西合璧的建筑。第三进原为木造两层楼，现已改为水泥构造。

住宅的东侧建有花园，园内有一幢日式建筑，旁边辟有水池，并设曲桥，可能都是日占后添建的。住宅的西侧有日占时期建的红砖洋楼，格局亦中亦西，有部分走廊的栏杆用中轴建筑改建时所遗下的窗棂做成，效果非常好。红砖洋楼的西侧墙外另有一座宏伟的文艺复兴式洋楼，附建有薄壳式屋顶的小亭。

现在的结构体均以砖墙承重，外面粉白灰，所有的木雕及梁架仅仅是挂上

图7-43 云林斗六吴宅为中西合璧的作品（录自《台湾建筑史》）

去而已，对比很强烈，另有一种美感。另外，两侧护龙的前端各自有小厅堂，为主人日常读书养性之所，其空间布局非常合适，这是本宅最为成功之处。[1]（图7-43、7-44）

（三）屏东佳冬萧宅

萧家的祖先萧达梅是清代自嘉应州渡海来台的客家人。萧家因经商致富，是屏东佳冬的大族。清光绪初年，萧光明购地营建萧家宅邸。其位置在佳冬的市中心，前面有溪水环绕，形势优美。原有四进，日占时期人口增加，遂增建第五进，是台湾较为少见的五落大厝。

萧宅正面为五开间，中央及两侧都设出入口。第一落为门厅，有四扇屏门及石雕窗（通常石雕窗多用于寺庙）。第一落屋顶在日占时期整修时被改建成西式的山形檐墙。第二落为大厅，第一落与第二落之间有两道高墙连接，并各开有八角门。二、三落之间有过廊连接，也开八角门。三、四落之间的院落较狭窄，也有过廊衔接，但空间封闭，只对内庭开放，用矮墙巧妙地隔出内外。最后的第四、五落之间又有大庭院，这个庭院既没有过廊也没有

图7-44 云林斗六吴宅的室内布置（录自《台湾建筑史》）

---

[1] 李乾朗：《台湾建筑史》，台北：雄狮图书股份有限公司1979年版，第181页。

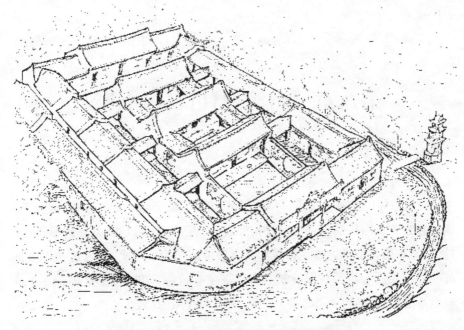

图 7-45　屏东佳冬萧宅是台湾少有的五落大厝

高墙,就像一个晒谷场。

　　在这五个院落的外围有深长的护龙,在右侧又发展出外护龙来。两侧的护龙也开有几处进出口。屋脊全为马背式。整座宅邸的屋面随着地形的升高起伏变化,屋脊自前向后逐渐增高,这是潮汕民居屋面组合上的步步升高法。装饰及细部做法朴实简单,唯一较华丽的只是门厅及第四落的祖厅。室内陈设简单,色彩以朱、黑为主。房间的门口挂竹帘,这是高雄、屏东一带客家住宅的习惯做法。

　　虽然该宅的进深达五落之多,但内部空间的组织却极为成功。每一院落的形态及空间都不一样,第一落显得最低矮,第四落最高。庭院从第一落起逐渐减缩封闭,至第四落的仪典空间几乎全部封闭,进入第五落时又重新获得开敞的大空间。这种层次分明、节奏有变化的空间组织,是萧宅最突出的特点。[①]（图 7-45）

----

① 李乾朗:《台湾建筑史》,台北:雄狮图书股份有限公司 1979 年版,第 189 页。

第八章　台湾原住民民居建筑

台湾原住民主要有泰雅、赛夏、阿美、布农、邹、鲁凯、卑南、排湾、雅美等九族。各族建筑因地制宜,就地取材,展现出自己的建筑风貌,其建筑形式各有特色,颇有值得借鉴之处。建筑形式大致可归纳为平地式、浅穴式、深穴式和高架式四种。台湾原住民建筑具有以下主要特色:与自然环境紧密结合,简朴原始的形式,群居关系与公共建筑,墓葬与住屋的结合。

第一节　原住民民居建筑概论

"原住民"指的是汉人没有进入之前就居住在台湾的各种族群。原住民各族寻求合适的居住地,形成一处平均数十户的部落,叫做社。如果一个社的户数增加,而该土地及生活物资开始缺乏,就得把这个社分为几个社,叫做分社。这些社,通常都有个头目统管,并防卫该社免受他社或他族的压迫。

如果以居住地区分,台湾原住民大致可分为平地部落和山地部落,两者各包含多种具有不同语言、习俗的种族。前者总称为平埔族,因居住在西部平原、北部海岸与宜兰平原等地,自古与汉文化相融合,几乎已丧失其原有文化。后者是指分布在中央山地、东部纵谷、海岸平原及兰屿岛的泰雅、赛夏、布农、邹(曹)、排湾、鲁凯、卑南、阿美及雅美(达悟)等九族。这些族群其实并非全部居住在山地,有的居住在海拔1000米左右的中央山脉,有的居住在东部的纵谷,也有的居住在兰屿岛上。泰雅族、雅美族、赛夏族、布农族、邹族等为父系或偏向父系的氏族社会,而阿美族和卑南族为母系或偏向母系的氏族社会。他们在文化和语言上各不相同,建筑形式也各有特色。尤其在建筑技术方面,各族因地制宜,就地取材,展现出自己的建筑风貌,颇有值得借鉴之处。可惜的是,随着社会文化的变迁,今天已不容易看到完整的原住民聚落了,孤立于兰屿

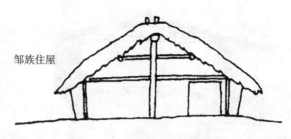

邹族住屋

图8-1　台湾原住民建筑形式之一——平地式

小岛上的雅美族可以说是少数保存较多传统文化的原住民族。

山地的原住民部落通常设立于高山的山腰。顺应自然地形,建筑大多依山面溪而建。受自然环境和制作技术的限制,其建筑外观看似相近,但在功能上却有明确的划分,不像汉人将所有机能联结在一栋建筑之内。原住民的建筑,都是以住屋为中心,再根据其生活习性与需求,搭配不同功能的附属建筑,如工作房、产房、凉台、船屋、谷仓、厨房、畜舍等。除私有空间外,还有一些部落的公共建筑,如邹族、鲁凯族、阿美族、卑南族有集会所,泰雅族有瞭望楼,排湾族、鲁凯族有司令台。

受到地形、气候及使用功能的影响,原住民的建筑有多种形式。依室内地坪与户外地面高差的关系,大致可归纳为平地式、浅穴式、深穴式和高架式四种建筑形式。

平地式:直接以原始地面为室内地坪,通常室内外一样高,或室内略高于室外,如邹族、赛夏族、阿美族、卑南族和部分排湾族的住屋。原住民的住屋通常以平地式为多,但会在土间(未铺盖的泥土地板)上面摆置床铺之类的设施,弥补泥土地板的缺点。(图8-1)

浅穴式:室内略低于室外地坪约0.5米,如居住在高山地区的布农族、排湾族和鲁凯族的住屋。山区房子就坡地整地而建,后壁为整地下掘的泥土砌成的坡坎。向下发展的房子,可以不用搭建过高的屋顶,既节省建筑材料,又可以抵挡高山寒冷的气候。(图8-2)

排湾族住屋

图8-2　台湾原住民建筑形式之二——浅穴式

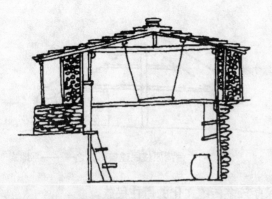

图 8-3　台湾原住民建筑形式之三——深穴式

深穴式:室内地面较室外低数米,入口处要架木梯向下走才到室内,从外观只见露出的屋顶。挖掘最深的是兰屿的雅美族,他们为预防海边强风,采用深穴式,从地面挖下,再以卵石砌挡土墙。中部的泰雅族也采用深穴式以防风取暖。(图 8-3)

高架式:又称干栏式,以木或竹枝交叉为桩,将房子架高,柱脚较长,可以防潮。多为特殊用途的公共建筑,如泰雅族的望楼,1～2米高的邹族会所,3～4米高的卑南族会所。主屋没有高架式,只有其他附属建筑,如谷仓为了防止湿气和鼠害才会把地板升高,使地板下透空,产生良好的通风功能。雅美族的凉台也采用高架式。(图 8-4)

建筑的平面布局通常为长方形,但邹族的房屋,有些竟是椭圆型平面,相当原始、珍贵。入口的位置依各族室内使用情形,有的设在短边,有的设在长边。住屋内部的平面,有单室型和复室型两种。

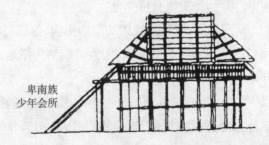

卑南族
少年会所

图 8-4　台湾原住民建筑形式之四——高架式

单室型即室内不作分隔,但仍有起居及卧室空间的区别。这种平面反映出原始社会家庭成员中亲密的关系,多数族群均采用此形式。复室型是将室内隔成不同功能的房间,但多不设门,私密性不高。如雅美族、赛夏族、南部排湾族及南部阿美族。排湾族牡丹社出现过类似汉族民居的三开间平面,中为起居室,两旁为卧室。泰雅族有一些建筑实例显示室内有男女之分,男性空间居后,门口处为女性空间。较罕见的是居住在中部玉山一带的邹族,常采用室内葬,在屋内挖墓穴,埋入死者后覆土,再铺上石板。

原住民聚落交通不便,与外界的联系较少,因此建屋的材料都是就地取材,使用工具及施工技术较为原始,材料表面的加工程度较低,加工痕迹也极为明显。常见的建筑材料有石材、木材、竹材和茅草。有的族以石材制作墙壁及屋顶;有的以木柱为主体结构或以原木、木板作壁面,也有的用树皮铺作屋顶;几乎每一个族都用茅草铺屋顶,也有的用茅草为墙;有的以竹材为骨架,或屋顶、墙体使用竹材。房屋的构造法,主要是挖地埋好柱子,而木柱不过是厚厚的剖木材,或者是圆木柱,柱子与小横梁的交叉口也都是利用树木的叉枝,或者是只做一点简单的交叉口而已。屋顶大都采用两坡落水式,出入口通常设在与屋脊平行的墙面(正入式),也有的出入口设在与屋脊垂直的墙壁(侧入式)。

第二节　九族的建筑

台湾原住民山地九族因居住地的自然地理条件及风俗习惯不同,建筑形成很大的差异。下面按族群分别叙述。

一、雅美族的建筑

雅美族也称达悟族,居住在台湾本岛东南海上的兰屿。兰屿与菲律宾吕宋岛北方的巴布扬、巴丹两岛在地质学上一脉相通,因此雅美族人的生活习性与台湾本岛原住民的差距极大,更为接近巴丹诸岛的原住民,房屋也是原住民族建筑当中最富有南洋色彩的。雅美族的部落通常在海岸形成倾斜状的聚落,住宅倚山面海。为了防暑防风,他们把地面挖低或者是挑选较低凹的位置盖房子,建筑形式为深穴式。加上兰屿高温多湿,所以设凉台及双重墙壁。这些都是台湾本岛上少见的。

雅美族的建筑按用途分为住屋、工作房、产室、谷仓、畜舍、凉台以及船屋。中央是住屋,旁边有工作房、产室,前方有凉台、谷仓。住屋的屋顶为两坡式,门口和屋脊平行,室内空间为复室型。前室与后室的分界处有四个入口,没有门扉,后壁有一个出口。前室作为小孩寝室,全部铺木板。后室中央有一排主柱支撑,将后室分为两部分:前方也是铺木板,作为主人的寝室;后方是土间,屋角有炉灶及用品台架。屋顶铺上用圆木、剖竹或茅草的茎子所编成的基架,再葺以茅草。墙壁是把木板横向装上,只有背壁是用木板竖排而成,并在壁外吊些茅草或用石壁围绕以防热。

工作房是工作或社交的场所,也可兼作酷暑之时的寝室,为铺有地板的高架式单室建筑。往往会在入口前面装个防风壁,人从两侧进出。为防暑还装上一种可向上折的木制天花板。

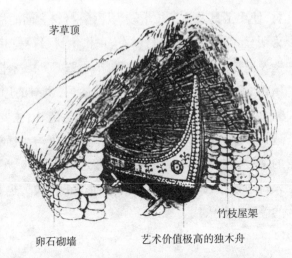

图 8-5　雅美族的船屋与独木舟

凉台是雅美族部落内特有的景观,位于住屋的前方,为面海的高架式,四面开敞。除了纳凉之外,凉台也是酷暑时主要的活动场所。产室是专为产妇而设的产房,主要作为育婴之用,也可作为夫妇的临时住所。这种现象在南洋诸民族也能看到。谷仓建在 4 根柱子上面,是两坡式的茅草顶房子,墙壁也是用茅草扎成。畜舍用石头堆垒围成,其中的一小部分用树枝围起来,上面用茅草覆盖,多是数户共享。

船屋是雅美族人停放渔船之处。雅美族造船的工艺精良,所造的独木舟艺术价值极高。船屋面向海边,墙壁用石头堆积,屋顶用茅草覆盖。(图 8-5)

二、阿美族的建筑

阿美族在原住民中人数最多,分布在花莲、台东的东部海岸平原一带向南北延长的地域,另一部分在恒春地方。一般区分为北部的南势阿美、中部海岸山脉以东的海岸阿美、海岸山脉以西的秀姑峦阿美、南部的卑南阿美等四个部落。也有人认为把卑南阿美的南半部分与分布在恒春的阿美族称为恒春阿美较为妥当。因分布在南北狭长地带,各部落联络不易,彼此之间差异较大。由于开化较早,现阿美族大部分已经依汉人建筑建造土埆厝或红砖厝。这里只谈他们原来的建筑样式。

阿美族的建筑有住屋、厨房、工作房、谷仓、畜舍、头骨架与聚会所。建筑形式以平地式为主。住屋有两种类型：单室正入式，以北部地区为多；复室侧入式，以南部地区为多，中部地区则两式并存。单室正入式的入口处为泥土地板，其余则铺设地板，屋子左右两边设置炉子，上面有悬吊式置物架。复室侧入式是把进门处的泥土地空出一部分作为厨房，摆设炉子，其他地方铺木板作为寝室，并设有矮矮的遮墙。建材多用竹、木、茅。柱子大部分用板状的木材，偶尔也会使用竹子。墙壁普遍采用茅壁，室内隔间多采用竹壁，板壁多用于单室正入式的前面墙壁。屋顶为两坡式，通常覆盖厚达 2～3 尺的茅草。

厨房独立设置，结构方式与住屋相同。屋里有灶及置物架，屋角放置农具。中等以上的家庭有工作房，分为双室，一边作为工作场，另一边是放置牛车的地方。谷仓采用干栏式构造，室内地面高出外面约 0.5～0.6 米，屋顶多数铺树皮，或覆盖茅草。

每一个社大都有两处以上的集会所。集会所是部落公共集会、防卫组织及训练少年生存战斗技能的中心。过去也兼作瞭望台，现在作为村人集会、青

木板及茅茎壁　　茅草顶

阿美族平地式住屋

图 8-6　阿美族平地式住屋

少年住宿及举行祭仪的场所。集会所有南北两种不同的类型：北部式的全部铺设地板，中央有炉子，四周透空；南部式的除了前方，其余三面都有墙壁，顺着墙壁内侧有作床铺用的地板，土间中央有炉子。（图 8-6）

三、排湾族的建筑

排湾族分布在屏东县及台东县中央山脉两侧，海拔 500～1300 米的山地。各部落以贵族头目为政治、军事及宗教的领袖，家族不论男女，只要是长子或长女就可以继承。头目的住屋及庭院宽敞，屋檐下有木雕横楣，前庭立有标石及大榕树以代表身份，还有高大的谷仓及召唤族人讲话的司令台等。一般住屋则规模较小。由于人口分布广，各地风土及建筑用料有所不同，排湾族居地的房屋显示出多彩多姿的风格，但相互之间也有一些共通性。依日本学者

调查,将排湾族建
筑分为五种类型。

象征头目身份的雕刻石板

人面及百步蛇图腾木雕

大片的立式石板　东部排湾族平地式头目住屋

茅草顶

石雕

图8-7　排湾族建筑（东部型）

（一）东部型

台东支厅辖内
的大麻里社、大南
社等靠近海岸地方
的房子,不是深穴
式,而是平地式,地
上铺满了石板。用剖竹、木板、茅草作为墙壁,只有房屋的前壁是用厚木板排
成。和北部型一样柱子上端直接放栋木与小梁木,但屋顶是坡度很急的两坡
式。在平面布局方面,往内的进深长度较长,谷仓的背面有产床,卧铺是很低
矮的石板地板。入口处在正面,装有双开的门扉。内壁有神明棚架,及男女
分开使用、编竹制的祈祷棚。在头目住宅的前庭,竖起象征头目身份的雕刻
石板,还有雕刻着人像或百步蛇的图腾木雕。

大南社里有青年集会所,不容许女人出入。集会所分为前室、后室。靠着
三面内墙设有双层木制的床铺,上层供青年使用,下层供少年使用。后室中
央有个大围炉。（图8-7）

（二）西部型

西部型房屋大都分布在北部型的南边,也就是潮州郡辖区的斯本社、奈本
社、马利滋巴社、瘦包社等地。最大的特色是龟甲形屋顶、球盖式天花板。可
能因为此地的石板较为缺乏,建材多用木材与茅草。

西部型建筑的种类有住宅、司令台、头骨棚架等。住宅包括住屋、猪舍,
谷仓设在屋内。住屋的兴
建方式是:先把倾斜地铲
平,在双侧及后侧直切面
堆砌石头作为墙壁,前壁
则竖立木板而成。分为前
后两室,前室是客厅、起居
间,后室为寝室、厨房、谷
仓等。前室入口有两处,

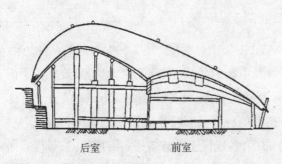

后室　　　　前室

图8-8　排湾族建筑（西部型）

都附有单面开启的门扉,也有不设门扉,采用开放式出入口的。住屋的地板比前庭的地面高,铺石板。贴着左右墙壁设有木制的坐椅,也可以作床铺使用。在前后室的中央竖起宽三尺、厚两寸的板柱作为隔墙。后室的石板地板比前室更高,贴着左右墙壁与前方的墙壁设有木制的床铺与石灶,灶上方装有干燥用竹棚架。在房间较深处,用板子围起做成谷仓,房内的其余空间用以储藏物品。厕所是在屋外挖个洞或是沟,铺上木板。

　　屋顶及天花板的做法很特别。首先以隔墙板柱为基准,在前壁与左右壁架上梁,上梁为 1 米宽的弧状木材,然后摆上桷材或板材,让前室的天花板形成球盖状。后室不做天花板,而是在距离左右壁大约 1 米的位置竖立几根板柱,左右相对弯曲,两者之间挂以梁木,并在上面摆放小的板条,再把细竹横直组结好,而后与前室的屋顶一齐铺上茅草成为龟甲状。(图8-8)

(三)北部型

　　北部型是排湾族部族中心的主要房屋形式,最大的特点是大量使用石板筑成。高雄旗山的三个部落、屏东的傀儡社群、排湾社群的房屋大部分都属于此种类型。现以卡比雅干的建筑为例说明。

　　住屋是向左右伸长的长方形屋舍。前方作为前庭,靠边有谷仓、鸡舍、猪栏等。在左右壁的上檐挂一根或者是两根圆木作为栋梁,中间用厚板状的柱子作为主柱。栋梁前方的小横梁也用同样的方式挂上,但用比主柱细的柱子支撑。屋顶是以屋脊为中心的缓缓的双斜垂式,向前斜垂的部分比向后斜垂的部分大约长两倍。前壁大都由竖直的大石板排列而成。有的部落在前壁外侧的适当位置竖立三角形或柱状的加强壁,兼作爬上屋顶时的脚踏;也有的部落是用刻有阶梯的加强壁。屋子前面的左端或右端设出入口,装有向内开启的门扉,并装设 3 个方形小窗。屋顶设天窗,下雨时用石板盖起来。屋顶先铺着厚板,再铺上石板。除了屋椽横梁、门扉以及屋内的天花板及柱子,建筑材料都是石板。

　　屋内由两排主柱区分为前、中、后三部

图8-9　排湾族建筑(北部型)

分。中室与后室的地板比前室低,换句话说,这些部分呈竖穴状。中室是用餐或下雨天工作的地方,竖穴中央地下约2尺的地方为这一个家族的墓圹。前室设置石板造床铺,靠近门之处为男用,较内侧为女用。与入口相对的侧壁,划出1米宽的位置,用石头做灶,上面装干燥棚架,下方狭长的地方是厕所兼猪舍。谷仓安排在房屋的后室,也有的人家在前庭前方另置一栋谷仓。后室其余的部分就是小仓库(柴房)。头目的房屋,屋顶横梁、门扉、柱子上面都会有雕刻,并涂上彩色的装饰图案。

头目家的前面,隔着前庭有个司令台。这是紧急事情发生时,头目或长老站在其上对部落人民讲话的高台。部落中心有个司令台是排湾族建筑的一大特色。(图8-9)

(四)中部型

中央山脉东边、台东厅南部、大武支厅的久卡库莱社及台东支厅的他巴卡斯社等山岳地带的房子属于中部型。中部型房子的建筑地基,无论是住屋、前庭都比房屋前的道路面低,成为深穴式,这与西部型、南部型一脉相通。它的平面布局为单室型。住屋是接近正方形的长方形,三面墙壁用石头堆砌而成,前方竖板壁,有两个入口。卧铺、谷仓等的位置分配类似西部型。屋顶为两坡式,用茅草铺成,用竹子横压捆绑固定。

(五)南部型

到潮州辖区牡丹罗社之后,西部型的房子渐渐与南部的房子混合,最后成为南部型。恒春郡的牡丹社、库斯社的房子就属于这种类型。南部型建筑受汉人的影响相当大,其中有些与汉人的房子没有什么分别。房子的墙体大部分是土埆造的,横向一字排成三间,中室为起居室兼客厅,左右为寝室和厨房。屋顶是两坡式,铺茅草,用竹子压扎固定,贴着内面壁是谷仓。

四、布农族的建筑

布农族分布在中央山脉中心地带,包括南投、花莲、高雄、台东,居住在海拔1000～1500米的高山,是台湾居住地海拔最高的原住民。因为高山腹地有限,部落多为散村形式。其住宅的平面布局几乎是一致的,但结构、材料依部族不同而有所差异。

布农族的建筑较精致,规模较大,一般以石板、木头搭成。建筑以住屋为

图8-10 布农族建筑

主要住宅,在台东有些房子附有衣服晒干处兼凉台的特殊设备。因地势陡峭,布农族人把地面铲平形成向内凹的长方形,前面留做前庭,后边为主屋。住屋的左右壁与后壁是利用挖地基后的垂直面而成。地板有凹陷式与平地式两种。凹陷式的通常只把住屋部分挖下或同时把前庭一并挖下去,后者大部分是住屋的地板面比前庭地板面低。住屋采用向左右伸长的长方形平面,正入式两坡结构。室内空间以单室型为主,室内用长方形角柱分成三部分。前壁正面的入口,有一扇向内开启的门扉,前室左右是床铺,中室左右有炉子,后室有谷仓,一般不设窗户。如果家族成员多,就在左侧或右侧加床铺,周壁用木板或茅茎围着。在中南部容易取到石板的地方,前壁都用石板,其他的壁面用厚板竖立成板壁或茅茎壁。屋里有天花板,屋背面可作为小储藏室。住屋室内和前庭大多铺着石板,周围用石砌的矮墙围着。(图8-10)

五、邹族的建筑

邹族又称曹族,分布在嘉义阿里山区及高雄县桃源、三民乡地区,居住在海拔500~1500米间的高地。部落中的男子集会所及椭圆形屋顶的大型住屋,是邹族建筑最大的特色。

邹族建筑的形式独特。房子的平面多为长方形,屋顶常做成椭圆形,用很厚的茅草覆盖,屋檐距离地上大约有2米高,但左右双壁面的屋檐和地面的距离却只有1米。

邹族高架式集会所

图8-11 邹族建筑

　　建筑形式除集会所为高架式,其余均为平地式。室内空间以单室型为主,泥土地板,中央有个用 3 块长石头架起来的炉子,炉子上面有干燥棚架。床铺在房间的四个角落,周围用茅茎围成屏壁,并附有一个用茅茎编制成的单开式门扉。床铺之间的空间作为谷仓。

　　每个部落里有大集会所。这里不仅是训练男性青少年的地方,也是邹族的部落中心。集会所的地板高架,木板平台与地面的高度约 1 米,没有墙壁,中央设一个炉子。(图 8-11)

六、泰雅族的建筑

　　泰雅族分布在中北部的山区,包括台北、桃园、新竹、苗栗、台中、南投及宜兰、花莲等广大地域,约占原住民居地总面积的 1/3。主要居住在海拔 200~1500 米间的溪谷地带。

　　因为分布区域大,泰雅族的建筑形式不尽相同。依日本学者调查,可分为北、东、西及中部四种类型,平面及构造有所差异。

　　泰雅族住屋的室内是泥土地板,依当地环境不同分为深穴式和平地式。深穴式是泰雅族中部型建筑的特色之一,其优点是可以避寒取暖。深穴式房屋的结构是,先挖竖穴,地基用石头或石板堆积以阻挡泥土,外墙也堆积约 1 米高的石材作为墙壁的底座,进入室内要由木梯走下。住屋的平面布局,一般都是单室制、正入式;北部型有一部分采用复室制;西部型里有侧入式的。屋顶形式除了西部型房屋是把树木加以弯曲作成半圆筒形屋顶外,全都是两坡式,屋顶的材料有石板、桧木皮、茅草、竹子等。中部型较常采用石板为建材,

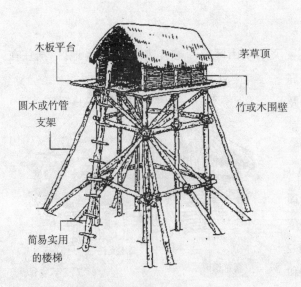

木板平台　　茅草顶

圆木或竹管支架　　竹或木围壁

简易实用的楼梯

图 8-12　泰雅族高架式望楼

在台中、台北、花莲常可看到以桧木皮为基底上铺茅草的屋顶；北部型的房子以竹条修葺。墙壁构造可分为积木壁（木材堆叠式）、竹壁、茅壁、木板壁。积木壁、铺石板顶的房子是泰雅族建筑的主流，在西部型及中部型的台北、台中深穴式房屋里可以看到；新竹葺竹顶的房屋和花莲葺茅顶的房屋使用竹壁；木板壁是原住民族懂得使用锯子之后才开始采用的，并不普遍。

附属建筑有谷仓、猪舍、鸡舍等。谷仓大都设在住屋的前面或侧面，偶尔也建在田地里，通常是架高约 1 米甚至更高的干栏式建筑物。设在部落入口处高达二三层楼的望楼也属于干栏式构造，可作警戒之用。泰雅族特殊的建筑类型还有收受敌人头颅的头骨棚架，但现在已经没有了。（图 8-12）

七、赛夏族的建筑

赛夏族分布在新竹五峰、尖石乡及苗栗南庄狮潭乡山区，人口是台湾原住民族中最少的。其实，赛夏族原来在新竹拥有广大的山地，但在强大的泰雅族逼迫下，大约在两百年前迁到现在的地区。因地缘关系，其文化受泰雅族及汉族的影响很大。

赛夏族的建筑形式与泰雅族北部型相似，都是平地式，都使用竹子建造，构筑法也如出一辙。一小部分住在山脚下的，因与汉人交往密切，受到汉人建筑的影响，房屋的平面隔成两个以上的房间，采取正入的方式。（图 8-13）

竹枝屋顶

竹管壁

赛夏族平地式住屋

图 8-13 赛夏族建筑

八、鲁凯族的建筑

鲁凯族分布在台东、屏东、高雄之间的山区。其社会组织与排湾族相似，但鲁凯族主要为长男继承制，无男才由长女继承。

建筑形式因阶级不同而有所差别。头目的住屋及庭院宽广，屋梁、门柱饰以代表身份的木雕，也有召唤族人讲话的司令台。一般住屋规模较小。除谷

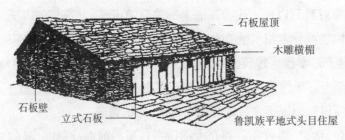

图 8-14　鲁凯族建筑

石板屋顶
木雕横楣
石板壁
立式石板
鲁凯族平地式头目住屋

仓为高架式,其余多为浅穴式或平地式。材料以板岩、木板为主,但台东一带多用木、竹及茅草。室内空间以单室为主。附属建筑有谷仓、工作房等。(图 8-14)

九、卑南族的建筑

卑南族分布在台东的冲积平原上,人口较少。为偏向长女继承的母系社会,男子则依年龄分阶层,到会所接受严格的训练。具有世袭的头目制,但以会所为部落公共事务的处理中心。

因地处平地,建筑形式受汉人影响很大,只有会所、女巫灵屋及祖屋保留原有特色。除会所外,其他建筑为平地式,材料以竹子、茅草为主。会所多为高架式,高度可达 10 米,底下的柱子密集,多达 20 余根,而且在四周设置45° 斜撑柱,将 2～3 层楼高的会所支撑住。茅草屋顶上用竹子压着,以免被风吹垮。(图 8-15)[①]

综上所述,台湾原住民建筑具有以下特色:

一是与自然环境紧密结合。原住民的生活形态较为原始,完全由自然环境来决定生存方式,以耕作、饮水、向阳及防御功能为选择居地的重要条件。建材是竹、木、石、茅草、树皮

茅草顶
竹编平台
竹管或圆木支架
卑南族高架式青年会所

图 8-15　卑南族建筑

① 藤岛亥治郎:《台湾的建筑》,台北:台源出版社 1993 年版,第 31～94 页。

等就地取得的自然材料。建筑形式配合环境地势而建,是因地制宜的最佳范例,展现出人类在环境条件限制下的营建智慧。

二是简朴原始的形式。因为环境的影响、使用工具及技术的限制,原住民建筑的结构都极为简单而实用,建筑形式由功能来决定。除了少数族群的头目住屋,一般少有装饰,呈现出一种质朴的原始风味。

三是群居关系与公共建筑。原住民的社会组织是建立在生产和防卫功能基础上的。为了共同的利益,通常呈群居状态,部落自给自足,由氏族团体或头目长老等统一管理。所以除了一般私人住屋外,也有属于公众的会所建筑。

四是墓葬与住屋的结合。原住民对于丧葬都相当重视,且有独特的埋葬方式。部分的排湾族、泰雅族、鲁凯族、布农族、邹族、卑南族,早期还采用室内葬。[①]

---

① 李乾朗、俞怡萍:《古迹入门》,远流出版公司 1999 年版,第 180 页。

第九章　闽台民间匠师与
民居建筑工艺

清代台湾的建筑材料与施工技术多仰赖于闽粤。清光绪之后至 20 世纪初仍有不少漳、泉名匠师（大木匠师、雕花木匠、石匠师、泥水匠师、泥塑剪粘师、彩绘师）应聘抵台，亲自施工或授徒，为台湾地区建筑的繁荣和辉煌立下了不朽功勋，其中名气最大的为来自泉州惠安溪底的泉州派大木匠师王益顺和出身台湾本土的漳州派大木匠师陈应彬。来自闽粤的石雕、木雕、泥塑、剪粘、交趾陶等民间建筑工艺在台湾得到了很好的继承和发展。

第一节　台湾民间建筑匠师

不论在闽粤还是在台湾，传统建筑中的设计和施工都是合二为一的，往往设计者就是参与施工的匠师。一栋建筑的完成要靠各种专业工匠的通力合作，参与施工的匠师主要有石匠师、大小木匠师、泥水匠师、瓦匠师、剪粘匠师、交趾陶匠师及彩绘匠师等。他们完全是以手头功夫劳作来建造房屋的，所以也称他们为"功夫人"或"手艺人"。他们的具体分工是：

大小木匠师——大木匠师是整栋建筑的领头人，是总设计师和总工程师。只有经验丰富的大木匠师才能掌握复杂的建筑木结构尺寸、构件的数量与搭接的关系。小木匠师也称凿花匠，负责精细的木雕。主要工具有门公尺、曲尺、圆规、墨斗、斧头、锯子、刨刀等。

石匠师——负责整栋建筑的基础及石雕。主要工具有锤子、凿子。

泥水匠师及瓦匠师——负责整栋建筑的砌墙、铺瓦、作屋脊。主要工具是抹灰用的抹刀。

剪粘匠师、交趾陶匠师——负责建筑的屋脊及墙体的装饰。主要工具是一种小型的抹刀和剪子。

彩绘匠师——负责建筑室内的油漆及彩画。使用的主要工具是各式各样不同用途的刷笔。

一、台湾石匠师

清代台湾兴建官绅大宅或寺庙，大多采用大陆石材。有些石雕预先在漳、泉雕好之后，再运到台湾安装。也有许多匠师随着石材登陆台湾，并定居下来继续其石匠师的生涯。

图 9-1　闽台圆雕作品——石狮

1919 年闽南惠安大木匠师王益顺率领多位匠师去台湾改建台北龙山寺时，随行的石匠师主要有庄德发、蒋金辉、杨国嘉、蒋细来、蒋连德、蒋玉坤、辛金锡、辛阿救与王云玉等十多人。其中蒋姓匠师多系惠安籍，辛姓匠师为粤东客家人。现在台北龙山寺前殿后排一对龙柱还可见到蒋姓匠师落款，新竹城隍庙前殿龙柱可见到辛氏匠师的名字。

图 9-2　泉州杨宅沉雕

再如名匠师张火广出生于惠安县，大约在 1923 年去台并定居台北，参加的寺庙有木栅指南宫、八德三元宫、八里天后宫与新庄地藏庵。他传子张木成，日后成为台北石匠界的名师，传徒多人。其徒弟现仍投入寺庙兴造工作，有的参加了著名的三峡清水祖师庙重修工程。

图9-3　台北龙山寺石雕雌虎窗

又如1927年从厦门去台湾主持彰化南瑶宫石雕的蒋馨,原籍惠安,后曾在厦门主持石厂。在台湾主持了南瑶宫、鹿港天后宫等数座大庙的石雕。当时台湾士绅鹿港辜显荣、高雄陈中和的大墓设计与石雕也出自其手。鹿港天后宫的石雕人物细部刻画入微,神态栩栩如生,被誉为蒋馨的代表作品,也是台湾寺庙石雕的经典之作。

归结起来,台湾早期的石匠师多来自闽粤,尤其是石材丰富的惠安。至清末有定居落户台湾的情形,并且传授本地年轻人。早在20世纪30年代,台北、鹿港及台南就有较多石匠或石铺,惠安的蒋馨及张火广传徒众多,其雕琢风格的影响力至今犹存。[①]（图9-1、9-2、9-3）

二、台湾剪粘与交趾陶匠师

通常说来,剪粘与交趾陶工艺以粤东为盛,水平也高。但在20世纪之初的台湾社会,似乎从福建来的巧匠更胜广东一筹。可能是地域相近的关系,大量的剪粘与交趾陶匠师均

图9-4　金门民居的交趾陶作品

---

① 李乾朗:《台湾寺庙的石构造》,《台湾传统建筑匠艺二辑》,台北:燕楼古建筑出版社1999年版,第109页。

图9-5　金门民居的交趾陶作品

来自闽南。如来自厦门的柯训于20世纪初去台,除了承接剪粘工作之外,还传授徒弟多人。又如泉州人苏阳水与其兄苏鹏及堂弟苏清富、苏清钟等一起赴台,他们都擅长剪粘与交趾陶艺,其作品大多分布于客家地区的桃园、新竹、苗栗一带,目前尚可见到。苏阳水的徒弟多为客家人,如新竹新埔的朱朝凤,读书时在庙前看到苏阳水作剪粘被迷住,毕业后便拜苏为师。朱朝凤最具代表性的剪粘作品是1955年重建艋舺龙山寺时与陈天乞合作对场,朱朝凤作东半边,陈天乞作西半边。朱的作品形态明朗,呈刚硬之美。

　　20世纪20年代,台湾剪粘界有"南何北洪"之说,意指台南方面以何金龙剪粘名气最大,台北方面以洪坤福最出名。洪坤福是柯训的传人,也来自厦门,大约在1900年前后去台,参加北港朝天宫和艋舺龙山寺的修建。在他的作品落款上,曾自题为"鹭江洪坤福"。他传徒较多,台湾北部近五十年来较活跃的匠师多出自其门人,或者受到他的深刻影响,如江清露、陈天乞等人。何金龙大约生于光绪初年,来自粤东汕头,1920年去台时已经五十多岁。潮汕一带素以精雕细刻的手工艺闻名。何金龙从小受此训练,又擅长书画。他在1928年修建佳里金唐殿,完成后声名大振,许多人慕名竞相邀他前去做剪粘。何金龙传徒数人,其中以佳里的王石发较为出名。何金龙于

图9-6　苏阳水在台湾新竹关西罗氏祠堂
所做的剪粘作品（李乾朗　摄）

1945年过世,过世前留下来未完成的剪粘作品均由王石发完成。王石发的作品更为细腻,如武将的战甲边缘用小剪子剪裁成圆球形,背景的树叶也是一叶一叶组成,其工夫之深,令人惊叹。[①]（图9-4、9-5、9-6）

三、两岸匠师的竞技——对场

"对场"式建筑,是台湾匠界一个很有意思的话题。对场又称拼场,取意于台湾木偶戏剧团或歌仔戏剧团竞演的用语,有"竞争"或"较量"之意。但如果以建筑上的竞赛而言,"对场"和"拼场"还是有区别的。过去,多有同一工种或不同工种如大木、凿花（木雕）、石作等匠师,为了争取工作机会,多集结为小型工作团队。除了独自承揽工作外,也常常发生不同队伍在同一个工地上施工的情况。两派或两组匠师共同建造一座建筑,如果双方采取左右划分的对垒施工,称为"对场",若采取前后殿分开施工的,则称为"拼场"。

发生"对场"或"拼场"的原因有二。一是两派渊源不同的匠师争夺一个建筑工程的修建权,屋主为了不得罪任何一方,或是借此来压低工钱,刺激匠师拼搏,比出工艺高低,可能达成对场或拼场的协议。这样一来,两派匠师互不认输,互相比拼,都使出浑身解数,全力精雕细琢,做出了最好的作品。但也可能演变成为恶性竞争,以致同行撕破脸面,反目成仇。二是一位老匠师承包一个建筑工程,设计图及其尺寸由他绘制确定,但在实际施工时,左右两边分别交给他的两组徒弟负责。这种情况也可以说是一种"对场",属于良性竞争。

图9-7　台北新庄地藏庵的对场作品,网目斗拱左右不同,连石雕也有不同（李乾朗　摄）

① 李乾朗:《台湾寺庙建筑之剪粘与交趾陶的匠艺传统》,《台湾传统建筑匠艺二辑》,台北:燕楼古建筑出版社1999年版,第65～68页。

目的是激励徒弟们各显工夫,缩短工期,获得更为精美的效果。

据调查,台湾匠界的"对场"建造之风在 20 世纪初至 20 年代最盛。一是台湾不少建筑因 1895 年日本人割台之时被战火焚毁,急需修建。二是当时台湾经济状况较好,各地兴起建筑改建之风。除了台湾本地的匠师外,从大陆的闽粤也来了不少名匠。台湾匠界人才济济,既互相切磋观摩,也互相竞争斗艺。[①] 台湾匠师以漳派传人陈应彬为代表,大陆匠师以泉派惠安溪底人王益顺为主力,创下了许多匠师"对场"或"拼场"的战果。现在我们讲起这些事情觉得有趣,但对于当事人来说毕竟是很残酷的。(图 9-7)

第二节　台湾民居建筑的著名匠师

去台的匠师按着传统习惯,将他们的手艺向下延续,逐渐形成台湾的工艺体系。较著名的包括:大木作的王益顺、陈应彬、叶篙、叶金万、吴海同,泥水的李璋瑜,凿花的李克鸠,石雕的张火广,剪粘的柯训、洪华、何金龙,彩绘的邱玉波、吕碧松、潘春源等匠派。

匠师的分布有着大致的特定区域,如王益顺匠派在金门,陈应彬匠派在台北,李克鸠匠派在鹿港,叶篙匠派在澎湖等,但他们的工作范围可能遍及全台。另一方面,因匠师去台工作后在工作区域内扩大授徒层面,或同一工种匠师的组合的关系,造成地方性匠派的特性,如八卦山系的大木匠派、嘉义的交趾烧、永靖的剪粘、宜兰的泥水等。1910 年台湾建筑开始出现漳泉风格混合现象。同时在这个年代,日本引入大量的西洋及日本建筑,对台湾传统建筑有着明显的影响。

下面以台湾最有名的大木匠师王益顺、陈应彬为例,来讲述台湾匠师的功绩。

---

① 李乾朗:《台湾寺庙精雕细琢——两岸匠师竞技》,《台湾传统建筑匠艺二辑》,台北:燕楼古建筑出版社 1999 年版,第 56～59 页。

一、泉州派大木匠师——王益顺

王益顺，泉州府惠安县崇武乡溪底村人，出生于清咸丰十一年（1861），幼年家境贫穷，仅就读乡塾4年就因父逝而辍学，于是随家乡木匠习艺。他最初受到匠界注意约在光绪四年（1878），恰有惠安青山王庙欲移建于峻岭陡坡之间，庙方广征各地名匠承建，但无人敢应承。18岁的王益顺勇于承接下来并终于完成，此后声名渐扬，开始其独立设计庙宇的生涯。

图9-8　惠安溪底派建筑大师王益顺

在1911年以前，王益顺在闽南一带设计建造了为数不少的大宅及寺庙。大约在1916年，因承建厦门黄培松武状元宅，邂逅台北富商辜显荣。经辜氏相邀于1919年前往台北设计建造艋舺龙山寺，自此揭开其在台湾12年鼎盛高峰期的序幕。为便于了解王益顺的创作生涯，先列其生平年表：

1861年——出生于泉州惠安县崇武镇溪底村。

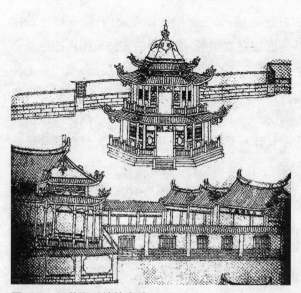

图9-9　王益顺手绘的底稿

1867年——就读私塾，年7岁。

1871年——父逝辍学，从木匠拜师为学徒，年11岁。

1878年——年18岁，承建惠安青山王庙，此为其第一座独立设计的庙宇，从而奠定其在匠界的地位。

1884年——承建闽南一带宅庙，曾修建泉州著名寺庙开元寺。

1916年——承建厦门

黄培松武状元宅,年 56 岁。

1918 年——遇台湾辜显荣,受邀设计台湾艋舺龙山寺。

1919 年——率侄儿及溪底匠师十多人抵台北,开始建造龙山寺,时年 59 岁。

1920 年——溪底匠人修建艋舺晋德宫黄府将军祠,与彬司派陈田对场。

图 9-10　台北龙山寺是王益顺入台后的开山之作

1921 年——至台中会晤林献堂,商议林氏宗祠事(后由陈应彬承建)。

1923 年——艋舺龙山寺告竣,下台南设计南鲲鯓代天府,工地由侄儿王树发负责(时陈应彬正在修建木栅指南宫)。

图 9-11　鹿港天后宫前殿的八角结网(李乾朗 摄)

1924 年——应新竹殷户郑肇庆之聘,设计建造新竹城隍庙,王树发修建彰化南瑶宫三川殿。

1925 年——2 月受聘设计台北大龙峒孔庙,寄居陈培根别墅素园,11 月立台基。

1926 年——南鲲鯓代天府落成。

1927 年——至鹿港,评审天后宫竞图篙尺,结果由王树发与新庄吴海桐对场合作。8 月台北孔庙东西庑兴工,12 月大成殿兴工。

1928 年——4 月,孔庙大成殿举行上梁礼。

1929 年——孔庙大成殿落成,崇圣祠兴工。

1930 年——8 月,孔庙崇圣祠、仪门及西庑告成。回泉州设计建造厦门南普陀寺及大悲殿。

1931 年——积劳成疾,逝世于厦门南普陀工地。

在王益顺 70 年的生命里,足有 50 年的庙宇设计生涯,完成了数座著名的大庙。而尤以 59 岁时渡台建造艋舺龙山寺为其事业的高峰,也是他一生的

图9-12 厦门南普陀大悲殿是王益顺大师的
收山之作

代表作。

王益顺的先人并非木匠,其后裔只有两三位继承家业,能得其真传者为侄儿王树发。长子王廷元定居金门,设计金门陈氏、王氏祠堂及中南金刚庙等。其孙王征祥设计金门护国寺、天后宫、东沙庙、水仙王庙及李、洪、林、许氏等宗祠。侄儿王树发跟随来台,设计鹿港天后宫。王树发的儿子王秋辉设计云林麦寮拱范宫,养子王世南设计台北青山宫及战后重建的龙山寺大殿。[①]（图9-8、9-9、9-10、9-11、9-12）

二、漳州派大木匠师——陈应彬

陈应彬出生于1864年,1944年逝世,为晚近期漳派匠师的代表。陈应彬的祖先来自福建漳州府南靖县,定居于台北盆地摆接堡广福村（今台北县中和、板桥一带）,他的父亲陈井泉据说是木匠,因此可推证陈应彬师承自先人。他初次参加寺庙建筑,可考者为中和的广济宫,但他独立担任领头的,也是他的成名作却是1908年主持北港朝天宫改建,时年44岁。在此之前已有不少建筑设计作品,但缺乏史料可考。

图9-13 台湾本土建筑大师陈应彬

---

① 李乾朗:《王益顺匠师在台湾建筑之研究》,《台湾传统建筑匠艺》,台北:燕楼古建筑出版社1995年版,第118页。

图 9-14 陈应彬教导徒弟时所画的手稿

1908 年北港朝天宫大修,奠定了陈应彬在台湾大木匠界的地位。从此之后他声名大噪,陆续在台湾南北兴建了不少寺庙。其中尤以妈祖庙最多,使得人们视他为专修妈祖庙的匠师。

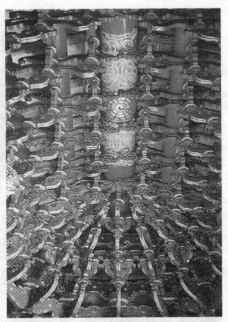

图 9-15 板桥接云寺的长枝八角结网是彬师的杰作(李乾朗 摄)

陈应彬的建筑师承漳州派,因此他的作品有很浓厚的漳派特色。

在外观造型方面,陈应彬最常使用重檐歇山式,此派匠师特称之为"假四垂"。"假四垂"只是将中港间升起,成为重檐,而在左右小港间仍维持单檐,因此屋顶富有变化,屋脊多,剪贴与泥塑的装饰自然也多。在斗拱技巧方面,陈应彬喜用曲线柔软、充满曲线之美的螭虎拱,这与一般泉州匠师喜用关刀拱与葫芦拱不同。重要作品包括北港朝天宫、台北保安宫与木栅指南宫等。

陈应彬以其精湛卓越的技术,

图 9-16 台中旱溪乐成宫前殿的假四垂也是彬师的杰作(李乾朗 摄)

成为台湾北派庙宇师傅的领导者。他的最大贡献是对清代二百多年来的台湾庙宇建筑，做了一个历史性的形式和技术的总结。从他的代表作北港朝天宫里，我们看到一座传统的闽南式建筑在结构技巧及形式美学的结合上所能展现出来的最高境界。我们也才发现原来匠师个人的感情是可以融入建筑之中的，他的作品细腻精巧，充满了浪漫的构思，开发了表现主义的建筑形式。[①]（图9-13、9-14、9-15、9-16、9-17）

图9-17　北港朝天宫前殿瓜筒是彬师典型的金瓜筒带磬牌（李乾朗 摄）

第三节　闽台民居建筑主要工艺

一、石雕

　　石雕是福建省最负盛名的民间工艺。石雕分为惠安石雕和寿山石雕。寿山石雕多用在工艺美术作品的艺术创作上，本书不作介绍。惠安石雕大量用在建筑上，是建筑艺术中不可多得的精品。它以青石、白石为材料，经石雕工匠采用不同的工艺精心雕琢，成为经久耐用的建筑材料和精美绝伦的美术工艺品。内容包括装饰、人物、动物、用具等。海内外凡有华人圈的地方均有惠安石雕的精工之作：台湾鹿港龙山寺的八对大龙柱，北京人民大会堂的柱座

---

　　① 李乾朗：《日治时期台湾的妈祖庙与名匠陈应彬》，《台湾传统建筑匠艺二辑》，台北：燕楼古建筑出版社1999年版，第54～55页。

和人民英雄纪念碑的栏杆,厦门集美陈嘉庚陵园的石雕人物,南京中山陵的华表,日本鉴真和尚墓园,新加坡古建筑中的石雕作品等。在闽南民居建筑的门框、门槛、抱鼓石、柱、梁、勒角、台阶、柱础、栏杆等装饰部位上,无不留下惠安石雕的影子。

惠安石雕早在东晋时期在县境崇武一带已开始萌芽。在惠安,可以查证的石雕作品,时代最早是唐末威武军节度使王潮墓的文官、武士、虎、马、羊、华表等圆雕和莲花浮雕,距今已有 1100 年。唐之后,还有建于宋代的洛阳桥留下的石将军,明代资政大夫都察院右都御史张岳墓的将军、虎、马、羊、狮、华表等圆雕和双龙、兽类等浮雕,其艺术风格质朴粗犷。明末清初,惠安石雕工艺开始发达起来,主要作品是狮子和龙柱。其艺术风格已趋向精雕细琢,也开始注意线条结构和形态神韵之美,留下来的作品有福州万寿桥的石狮和福州"南群会馆"的龙柱等。从清光绪年间开始,惠安石雕进入黄金时代。惠安石雕工匠在福州、厦门、福安、台湾等地及东南亚国家开设石店,承接业务,开拓市场。产品销往省内外,并向东南亚出口。这一时期,台湾龙山寺及妈祖宫、新加坡观音寺、日本奈良招提寺、马来西亚六甲青山寺等众多具有历史性、艺术性的恢弘建筑均有惠安石匠的佳作。同时,惠安石雕工匠还在闽南侨乡参加寺庙和侨眷住房建筑,留下不少石雕作品。抗日战争和解放战争时期,惠安石雕产品的出口基本停止,国内销路也停滞下来。新中国成立后,惠安石雕工艺获得新生,大放异彩。惠安石雕工匠 500 多人参加北京十大建筑建设。1953 年,受华侨领袖陈嘉庚聘请,惠安数百名石雕工匠参加历时 6 年的厦门集美陈嘉庚陵园"鳌园"的建设。"鳌园"的石雕作品,有各种各样的花鸟虫鱼、飞禽走兽、花卉树木、山水风景,以及古代历史人物、近现代革命事迹等,数量众多,姿态纷呈,琳琅满目,是我国工艺美术上的一个奇观。原来的石雕工艺分圆雕、浮雕和沉雕三大类。1967 年,惠安石雕厂蒋友才等人在原青石琢黑白的基础上创新、发展成为具有独特风格的影雕,使石雕加工工艺发展成四大类。[①]

（一）圆雕

圆雕是立体型的雕刻品,一般为单件艺术作品,前后左右都要求形象逼

---

① 庄兴发等:《惠安石雕》,福建人民出版社 1993 年版,第 17～19 页。

图9-18　圆雕柱础

图9-19　台北龙山寺石浮雕

图9-20　闽南沉雕作品

真。其工艺以镂空技法和精细剁斧见长。圆雕品种规格繁多，在建筑上常见的有龙柱、石将军、石狮和飞禽走兽等。在圆雕品种中，单狮子就有献腮狮、扒耳狮、卷毛狮、古钱狮、口含滚动石球的绣球狮等几十种。再如寺庙大殿中的蟠龙柱，雕工精细，如云似飞，活灵活现，令人叹为观止。（图9-18）

（二）浮雕

浮雕是一种半立体型的雕刻品，因图像造型浮凸于石料表面，故称浮雕。根据图案突出石面的程度不同，分为浅浮雕和高浮雕两种。其雕刻技法与圆雕基本相同。主要用在建筑的门窗、柱子、墙面、门槛的装饰上。题材有飞禽走兽、花鸟鱼虫、山水风光、历史人物等。"鳌园"内的建筑雕刻就是浮雕作品的博览会。（图9-19）

（三）沉雕

沉雕是一种将石料经平面打平或磨光加工后，在石面上描摹图案，依图案刻上线条，以线条的粗细深浅程度来表现各种文字、花卉、图案等的石雕工艺。具有形象下凹、线条分明、立体感强的特点。大多用于建筑外壁墙面等部位的装饰。（图9-20）

（四）影雕

影雕是在传统石雕针黑白工艺的基础上创新发展起来的独特石雕工艺技法。做法是：将质地精良的青石锯成厚度约 1 厘米的薄石片，磨光上灰后使其变黑色，然后再用大小不同的锋利钢针在石片上精心雕琢，凭借钻点的疏密、大小、深浅将图案显示出来。影雕作品细腻逼真，颇为传神。（图 9-21）

二、木雕

木雕工艺是我国传统雕刻艺术中一颗璀璨的明珠。木材历来被工匠视为最好的艺术表现材料，而福建多

图 9-21　泉州影雕作品

能工巧匠，所以木雕特别出色。最早的木雕源于建筑装饰、神像、日用家具雕刻上。例如：闽清县坂东镇岐庐的门窗隔扇上，雕满了"草船借箭"、"火烧赤壁"、"三英战吕布"等三国演义的全套故事。一些用具与雕刻技艺融为一体，如永春蛮轿，将分块的雕刻进行整体拼装，轿围上雕刻的人物、动物栩栩如生，木雕正面也巧妙地用浮雕衔接，虚实疏密得当。莆仙地区的金漆木雕，多用在民间祭祀场所中有关物件上，如神龛壁面、神像的龙椅、礼盒、烛台、果盘、神案、神轿、香亭等。其技艺及图像特

图 9-22　台湾竹山陈宅的吊筒形如菠萝并伸出龙首，为漳州派与潮州派混合（李乾朗　摄）

图9-23 闽南民居木雕吊筒与竖材

点,属于浙江和潮州金木雕两者之间的一种过渡综合类型。其构图饱满,层层透雕,题材广泛,多为三国故事、八仙人物、龙凤图案以及宣扬儒家学说的忠孝仁义、读书及第、光宗耀祖等一类题材。

木雕是闽台民居建筑最主要的装饰技法之一。福建盛产林木,木雕颇为盛行,在民居中常用于雕饰门楣、外檐、梁架、托架、椽头、垂花、雀替、门窗、隔扇等地方。建筑的细部和构件收口及交接头等地方往往较难处理,通过精致复杂的木雕装饰,既可体现本身之美,又能修饰构件衔接难以处理的局部。根据不同的装修部位、不同的装饰题材,民居的木雕艺术可采用不同的工艺做法,如在栏杆、飞罩等处施用镂空的技法,在格扇、支摘窗等处多采用斗心、拉花的做法,在门当、梁头等处多用浮雕等技法,在门罩、屏风等处则运用通雕、钉凸、混合木雕等技法。闽南、潮汕地区民居建筑梁枋、雀替等构件上的木雕饰处理极其精细,甚至近于繁缛,其雕刻技艺达到很高水平。木雕工艺成了财主大贾炫耀财富不可缺少的形式,也成了民间工艺匠师表现技巧水平、舒展内心世界的手段。

闽台传统民居建筑中常见的木雕部位有:

(一)吊筒、竖材

吊筒位于檐口下,是悬在梁下的柱子,具有承接檐口重量的作用,它的末端常被雕成花篮或莲花

图9-24 民居梁架上的竖材,精雕细刻,惟妙惟肖

样,因此又称垂花或吊篮。竖材是位于吊筒正面的一个小构件,作用是封住从后方构材穿过来的榫孔,多以仙人或倒爬狮为题材。(图 9-22、9-23、9-24)

(二)斗拱

斗与拱是传统建筑的基本构件组。斗虽然只是一个立方体的构材,但它可以有方形、圆形、六角形、八角形、碗形、菱花形等变化。拱是承接斗的小枋材,就其形可以雕成草花或螭虎,但由于它具有结构功能,通常采用素面或浅雕。(图 9-25)

图 9-25 闽南民居上的斗拱

(三)托木

又称插角、雀替,位于梁和柱的交点,是三角形的巩固构材,题材有凤凰、鳌鱼、花草、人物等。(图 9-26)

(四)狮座、员光

狮座是位于步口通梁上的木雕狮子,为了让我们看到它,面容略朝下,是

图 9-26 民居梁架上的托木

图 9-27 民居梁架上的狮座,底下是员光

图 9-28　民居梁架的狮座与员光

图 9-29　民居门楣上的门簪

图 9-30　古建筑的八角形藻井，台湾俗称蜘蛛结网

较立体的木雕。员光则是位于步口通梁下高度最低、面积最大的雕花材，多以花草或人物为题材，尤其是武场人物的雕刻常令人赞叹不已。（图 9-27、9-28）

（五）门簪

固定门楹（上门臼）与门楣的构件，常雕成龙首状，或方印、圆印，所以又叫门斗印。（图 9-29）

（六）藻井

藻井是以不断向中心悬挑的斗拱交织成网状的天花板结构，所以又称"蜘蛛结网"。其外形绚丽夺目，装饰性强于结构性，是匠师展现设计及施工高度技巧的地方。常见的有八角形结网、四方形结网及圆形结网。（图 9-30）

三、泥塑

泥塑也称为灰塑或彩塑。闽台的传统建筑盛行在屋脊或墙上施以泥塑装饰。如在屋檐下俗称"水车堵"的位置，有立体灰塑；在外窗顶、山墙面塑有玉佩卷、古钱币等灰泥塑；屋脊

和房屋正面的排楼护栏上，都是装饰的重点部位。其题材广泛，多数是民间喜闻乐见、广为流传的内容和图案，有和合如意、年年有余、千子百福、富贵长寿等吉祥祈福图案，神话传说、戏文故事中的人物，以及麟狮龙凤、花卉果蔬、鸟兽虫鱼等，表现出浓郁的地方特色。

图9-31　台湾桃园八块民居墙上加彩泥塑（李乾朗 摄）

　　泥塑在闽台民居上的运用很广，除了屋脊的脊垛、脊头之外，山墙的脊坠、檐下的水车垛以及墙上大幅的装饰都可见到泥塑。虽然大量运用泥塑与剪粘的装饰，在外观上给人以眩目华丽之感，而且有人评议它过于纤巧繁琐，不如中国北方建筑的浑厚雄伟，但这种装饰却使闽台民居建筑呈现出多彩多姿的特色。

　　所谓泥塑，是利用灰泥本身的可塑性，匠师在现场施工所完成的。灰泥的成分各地稍有不同，但基本上配方应包含石灰（用石灰石烧制或海边的蛎壳、贝壳等烧成，有专门烧的灰窑）、细砂以及棉花（或麻绒），三者按一定比例混合而成。为了增加黏度，常掺入红糖汁或糯米汁。为了延缓干燥，减少裂缝，也常加入煮熟的海菜汁。近年也有掺入一点水泥，以增加固着力。这几种材料混合之后，需多次搅拌，使其均匀。再经细网筛过，除去杂粒，即可加水开始养灰。所谓养灰，就是将加水调制好的灰泥放在大桶中60天左右，灰泥经过化学变化，灰油渗出来，这时黏度最高，最适合制作泥塑。

　　泥塑的题材很多，从有如浮雕的螭虎到所谓"内枝外

图9-32　闽台民居的印模陶头

图 9-33　龙海民居窗檐彩塑

图 9-34　狮咬剑泥塑装饰

叶"的花鸟人物。泥塑的优点是可以在屋脊上现场制作，也可以预塑，给予匠师很多发挥的余地。如果制作"内枝外叶"式多层次的雕塑，要以铁丝为骨，层层加厚灰泥。一般而言，在屋脊上的龙、凤、螭虎吐草及人物、花鸟都藏入铁丝为骨，而墙上或水车堵的浮雕较少用铁丝。铁丝的直径约 1 ~ 3 分，但屋脊上巨大的宝塔、龙、凤及螭虎团内部需要直径 5 分以上的铁条，骨架之下还伸出一段支脚，插入脊顶之内，以便有效地固定下来。古时有的甚至用竹条或木条当骨材。为了避免生锈，近代有人采用不锈钢丝。造型较细小的花鸟枝叶，所用铁丝应多作交叉缠绕，有如网状，这样固着力最好，时间再长灰泥也不致松脱或龟裂。

　　泥塑虽然多以手捏土而成型，但有些题材可用印模技巧完成，如人物的面孔、武士的盔甲战袍或需要大量重复的构件。模子多是陶瓷的，也有用木模子，有点类似作糕粿的模印。一般而言，人物的头部因有五官，特别是眼、眉、鼻与嘴部的表情，现场施工不容易控制，多利用模子印制。人物模子依据戏剧里的生、旦、净、末、丑而有所不同。盔甲及战甲则分片模印，粘到身体上时依手脚姿态循势变化。

　　屋脊与水车堵的堵头，大多在现场施工，可作泥塑或嵌入碗片成为剪粘。如果纯作泥塑，采用"盘长"的图案才能显出精细的工夫。盘长在台湾匠界俗称为"线肠"或"线长"，是指以线条缠绕出一对上下对称的蝴蝶、蝙蝠或螭虎。制作这种线条繁琐的堵头，要使用特殊的工具，如很细的灰匙与镘刀，以便像木雕的"剔底法"挖出凹入的部分。线条繁琐的垛头是否可用模印法？也有匠师尝试过，但因每座建筑尺寸各异，模印法未能普及。

泥塑的颜色除了石灰的浅灰色，也可在制作过程中掺入色粉，如黑烟或土朱，或者是利用其将干未干之际涂刷色料，使之吸入表层。这样所制出的泥塑成为彩塑。刚上彩漆显得有些俗艳，但日久色彩稍退，古朴之感自然形成。色粉多为矿物质，也有少部分植物性。色粉要加水胶一起搅和，才能固着在泥塑上。早期泥塑常用色彩有土朱、朱砂、乌烟、石青及铜绿等。由于要自己研磨，且价钱昂贵，近年多改用已经研成粉状的色料，它们也多属矿物质。也有些化学性质的颜料，其色彩明亮，且有较多的颜色可供选择，如油性水泥漆、塑胶漆，但不耐久。[1]（图 9-31、9-32、9-33、9-34）

四、剪粘

闽台的"剪粘"装饰在全国独树一帜，绝无仅有。剪粘又称为剪花或嵌瓷，是将彩色陶片剪成所需要的形状，然后嵌入未干的灰泥之上而形成的一种装饰艺术。剪粘是一种现场施工的瓷片镶嵌技巧。匠师用一种类似老虎钳的剪刀，将五彩的瓷碗片剪贴成各种形状的小片，拼成人形、动物、花草等图案的浮雕，用于装饰屋顶等部位。它用红糖水或糯米水作为粘凝材料，黏结后非常牢固，不怕风吹雨打。

剪粘作品极其华丽复杂，单看起来甚至过于繁琐。但由于花饰大都集中在屋脊上部，整个屋顶总体看来并不杂乱。这种特殊的装饰效

图 9-35 厦门民居屋顶嵌瓷作品

① 李乾朗：《台湾传统建筑泥塑与剪粘技艺》，广州：《第四届海峡两岸传统民居（营造与技术）学术研讨会论文》，2001 年。

果得到闽南、粤东人民的喜爱,甚至盛行于南洋华人地区的祠庙。随着清时闽南、潮州工匠的过海,剪粘工艺传到了台湾并受到普遍欢迎。嵌瓷做法很像西洋的马赛克或碎锦砖,在中世纪的拜占庭教堂或阿拉伯的伊斯兰教教堂里,墙壁上有大量的用马赛克拼成的宗教故事图案。在东亚,泰国及缅甸、马来西亚一带的佛教寺庙,也多采用类似马赛克的镶嵌或贴面来装饰。按中国汉唐建筑的传统,虽有画像砖与琉璃瓦,却没有小口上釉陶面的装饰。因而,闽南、粤东及台湾盛行的"剪粘",可能是在明朝之后,受到南洋各邦的影响,才逐渐流行起来。

剪粘是一种在建筑屋脊上现场制作的艺术,具有即兴创作的特点,因此剪粘重视构图与花鸟人物的姿态,适合远观,不大适合近看。但近代也有镶嵌在壁上的作品,楼阁人物的细部一览无遗。

剪粘完成后,外观能见到的泥塑有限,主要都被五彩缤纷的陶瓷遮盖住了,色彩明亮成为闽、粤及台湾建筑的特色。但是剪粘也有脆弱的缺点,经日晒后温度升高,遇雨则骤降,此时陶瓷片可能断裂。近代台湾多以彩色玻璃片取代传统陶瓷片,色彩鲜艳但更易碎。因此剪粘在屋脊上无法保持完整,大约每隔三十年就要重修。

剪粘以泥塑为体,灰浆的成分包括石灰、螺壳灰、细砂、麻绒和糯米糊,与水混合,同样要经过养灰的过程,放置一个月以上再捣出油,黏度更佳。剪粘的骨架与泥塑相同,也在胎体内暗藏铁丝。外表所粘的陶瓷片在古时是用碗、碟剪成碎片,从碗边到碗底都可派上用场。近代则用专为剪粘所制的碗,其釉色较一般碗更为鲜艳。近年台湾又有一种新材料,即用预烧好的釉彩瓷片粘在泥塑体上,尤以龙身鳞片或狮身的卷毛为多。但是,省却剪的过程,其结果反而太过整齐而显得呆板。

剪切碗片的工具主要是尖嘴剪,先将碗片按所

图9-36　台湾民居山墙上泥塑与剪粘（李乾朗　摄）

需形状大小剪下来,再用平口剪修边缘。近年为切割玻璃片,又用钻石头的割刀,各式剪刀及铁钳也是必备的工具。台南一带的匠师喜用细小的尖嘴钳把武将战袍盔甲边缘剪成小圆球,据传这是汕头匠师何金龙引入的做法。同泥塑一样,剪粘的文武人

图9-37　台湾丰原慈济宫的泥塑与剪粘,
工艺一流（李乾朗　摄）

物的头部大多也用模印出来,上白釉汁后进窑烧成。

　　剪粘的目的是将剪好的瓷片嵌入未干的泥塑上面,捏塑灰泥时要稍瘦一些,才有足够的余地嵌上瓷片。泥塑体本身也是层层加厚的,直到最后一层时,等到半干状态即可开始插入瓷片。依各种题材而有不同角度的插法。如龙头的瓷片以斜角嵌入,龙身鳞片的角度较平,虎、豹、狮、象的身体可平贴。贴花卉的技巧也很多,花朵从中心向外张开,每片的角度不同,含苞待放的用曲度较明显的碗片合成,枝干多以平贴为主。为使云朵或螭虎的螺纹清晰,有一种贴法是留出白灰的细框,白框稍稍盖住瓷片,使边缘线条柔顺。屋脊的垛头、规带的三角垛、山墙鹅头脊坠等常用此法。

　　剪粘作品也可上色,在瓷片表面上油漆,可增加色彩的多样化,也可描金线,使人物的帽冠、盔甲、武器及楼台亭阁更为华丽。如要在灰泥部分着色,最好选在七分干燥时上色,这样颜色可以渗入泥中。[1]（图9-35、9-36、9-37）

五、交趾陶

　　交趾陶是盛行于福建、广东、台湾一带的陶艺作品。交趾陶又称为"交趾烧"。交趾两字,按礼记中所谓"南方曰蛮,雕题、交趾",指南方蛮人坐卧时,两足相交。汉代将今广东以南、越南北部一带设交趾郡。如此看来,所谓交趾陶,

---

　　① 李乾朗:《台湾寺庙建筑之剪粘与交趾陶的匠艺传统》,《台湾传统建筑匠艺二辑》,台北:燕楼古建筑出版社1999年版,第63页。

图 9-38 台湾鹿港凤山寺的交趾陶，是清咸丰年间作品（李乾朗 摄）

是指来自广东以南一带的陶艺。

剪粘与交趾陶虽然都是陶艺，但两者有很大区别。剪粘是先以灰泥塑出人物或花鸟的粗胚，再以特制钳子剪下碗片嵌在未干的泥塑上。匠师视所需的色泽及曲度可以即兴剪下来运用。交趾陶为一种上釉入窑烧制的陶艺。烧的温度一般在 900 摄氏度之间，属于低温陶。它的釉药色彩丰富，可作细腻的艺术表现，但硬度不够，容易断裂，因此陶匠师制作时，尺寸无法放大。若要作一尊较大的物体或走兽，通常要分解成数小片分开烧制，完成之后再拼合。

剪粘与交趾陶是一种装饰艺术，附属于建筑之上。有些小庙或寻常百姓家并不作。一座传统的建筑有几个部位可以安置剪粘与交趾陶，为了避免遭到碰撞，大都安置在较高的墙垛、水车堵、墀头、山墙鹅头、鸟踏、规带以及屋脊上。在建筑物入口正面墙上安置交趾陶也是常见的。客人来临时可以饱览门口多彩多姿的交趾陶艺。一般多置于大门两侧以及"对看墙"上。

事实上，剪粘、泥塑以及上釉入窑烧成的交趾陶三者可以并存。精于此道的匠

图 9-39 台北龙山寺的交趾陶作品，是洪坤福高徒张天发所作（李乾朗 摄）

师,通常三种工法都熟练。如在规带牌头上,山景为泥塑,人物为交趾陶,树木楼阁用剪粘完成,三种技巧交互运用,更为可观。[①]（图9-38、9-39、9-40）

六、水车垛

水车垛也称水车堵,是在建筑物墙上靠近屋檐处的一种水平带状装饰,垛内布置山水人物泥塑或交趾陶艺。水车垛这个名词流行于闽南漳、泉与台、澎一带的建筑匠界。"水车垛"的"水"与闽南话的"美"同音,"车"与闽南话的"斜"同音,指很美的墙上斜垛。当然这只是一种揣测。

图9-40　台湾筱云山庄入口墙面上的交趾陶,釉色极美（李乾朗 摄）

闽台民居的水车垛被设计在墙体上方,靠近木结构的部位。在年代较近的建筑上,也发现作在山墙外侧的鸟踏,或正面门楣或窗子之上。最典型的部位是歇山重檐屋顶上檐下方的围脊,或是廊墙上方。金门民居的水车垛多出现在正面檐口下,或入口左右廊墙之上。台湾民居在歇山顶的"博脊"（即围脊）、建筑正面檐口下或门楣

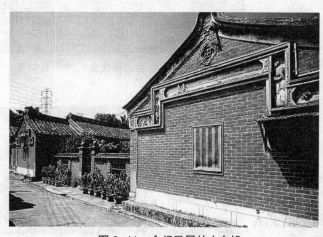

图9-41　金门民居的水车垛

---

① 李乾朗:《台湾寺庙建筑之剪粘与交趾陶的匠艺传统》,《台湾传统建筑匠艺二辑》,台北:燕楼古建筑出版社1999年版,第65页。

之上常常使用水车堵。

水车堵的两端要有自然的收尾。在正面檐口下时,两端以墀头(闽南匠师称之为景)为框。若在山墙上,则通常不作框,直接切断而已。水车堵本身常分段,犹如梁枋彩画一样,划分为堵头(藻头)、堵仁(枋心)。较长的水车堵常分隔为三段,每段之间以精工雕塑的堵头分隔。

堵头起框边作用,是一个难度较高的工艺。可以说水车堵最复杂的手艺在于堵头。工匠在现场以精细的灰匙制作,将麻薯灰调至一定黏度,塑出粗胚,再以硬纸片描绘堵头图案上去。硬纸片可重复使用,使左右图形对称。堵头的图案多分螭龙、蝴蝶、蝙蝠或云雷纹,线条极为细致,通常只有二分或三分宽度,但凹入的深度多达八分或十分,为"深剔底"的雕塑法。剔地的部分漆靛青或土朱色,而线条则留出白边,对比强烈,非常醒目。一座精致的水车堵,其堵头图案富于变化,如采用福禄寿或双喜文字,并且呈浮雕状态,有力地框住堵仁。

图9-42　洪坤福在台北青山宫所作的交趾陶
　　　　(李乾朗　摄)

图9-43　台湾桃园新屋民居水车堵以交趾陶
　　　　为装饰(李乾朗　摄)

堵仁是装饰主题安置之处。题材为民间常用的山水、花鸟、楼台、亭阁、博古与人物,表达忠孝节义或者祥瑞景物、男耕女织、耕读渔樵等。在金门古建筑常见到的,还有亭阁花墙、假山与小桥流水,塑造出一个小园林,再布置士农工商或仕女儿童泥塑人物,诉说一段故事,颇为生动。有的还题上诗句,有图章落款。

水车堵虽然是一种建筑装饰,但是它仍具有墙头收头的作用,使墙体有顶,成为墙的边缘。其上通常可衔接瓦片或梁柱结构。再如歇山重檐顶的博脊,有如腰带一样环绕下檐瓦顶一圈,其作用如同屋脊。因此,水车垛有时仍兼有屋脊、悬挑及止水的功能。因为具有悬挑作用,所以很像中国古代砖塔出檐的"叠涩"。层层出挑的砖线有如阶梯,在阳光照射下明暗分明,颇为秀丽。因为具有屋脊的功能,所以水车垛的断面细部有如脊身,上下凸出,而中部凹入。两端有藻头(垛头)界定,中央也常以藻头分段。

归结起来,水车垛实际上具有装饰、收边、止水、悬挑与压瓦的作用。它的功能增多,成为较复杂的构件,往往需由专业的匠师承制。

图9-44　廖伍在台湾雾峰民宅所作的堰头
(李乾朗 摄)

台湾现存古宅的水车垛以丰原三角吕宅筱云山庄、社口林宅大夫第、大里林举人宅及摘星山庄等为代表。它们的水车垛形式非常成熟,水车垛两端皆有垛头收边,中间布置泥塑及交趾陶,陶匠落款为晋水蔡氏。这是研究台湾古建筑水车垛极为重要的作品。金门现存的清代古建筑则以光绪年间所建的山后王宅十八栋及湖下杨宅所见的水车垛最具代表性。[1]（图9-41、9-42、9-43、9-44）

① 李乾朗:《金门古建筑的水车垛》,《台湾传统建筑匠艺四辑》,台北:燕楼古建筑出版社2001年版,第87~93页。

附　　录

附录一：一座传统建筑的建造过程

要欣赏一座传统建筑,必须对它的基本概念有一个大致的了解,对它的建造方式与一些基本的构造名称有所认识。

中国建筑历经数千年的发展,已经形成非常复杂而专门的学问了。但是它最根本的构造内容并不难,我们的祖先很聪明地想出一套最方便最合理的营建方式来运用,让各地的工匠用各地的建材就可建造一座座美丽的建筑。

一、传统建筑的基本概念

中轴线——中国传统观念是居中为大、居中为尊。反映在传统建筑上,一座建筑就是一个小天地,不论平面布局或立面外观,都要沿中轴线左右对称,四平八稳。在建筑的施工中,它称为分金线,是择地建屋时专门请风水师所确定的房屋朝向的中心线。

开间——正面宽度(面宽)的基本单元。以两柱或两面墙体之间的距离定为一间,最中间一间称明间,向两侧分别称次间、梢间和尽间。面宽的总开间数多为奇数,风水中称奇数为阳,较吉利。

院落——规模深度(进深)的描述法。"落"又称"进",指中轴线上的主要建筑,"落"是天井(埕)。正面的第一组建筑称第一落(进),然后为天井,接下来第二组建筑称第二落(进),以此类推。

沿院落中心向左右扩展——以合院为基本配置单元,当空间不够使用时,就以合院为基础向外发展,形成多院落、多护龙、虚(天井)实(建筑)相间、明暗交错的空间变化。

反映伦理观念——将传统的尊卑高下观念反映在建筑的各个层面。越接近中轴线上的房间地位越尊贵,如民居建筑的正厅,台基及屋顶的高度最高,使用的材料最讲究,装饰最豪华,外观也最宏伟,以表现其地位的重要。

建筑的象征涵义——在建筑结构及艺术表现上,民居建筑常有深层的内涵,如一栋民宅常被比喻为人体的头、肩、身、手、足等部位,而装饰的题材也蕴含着人们期盼富贵吉祥的美好愿望。

二、传统建筑的施工过程

盖房子之前必须请地理师勘舆,称为相地。选择好地点、好方向,再配上良辰吉日动工。主人提出需求后,匠师即绘设计图。古时的总建筑师就是大木匠,在整个营造过程里,设计者和营造者的身份是合一的。除木匠之外,还要有许多工匠配合,如石匠、木雕匠、泥匠、瓦匠、铁匠、油漆匠、画匠及家具匠等。所用的工具当然非常多,通常一个雕花匠就有近百件大小不同的鉋子与凿子。大木匠师的工具最主要是墨斗、曲尺与斧头三件。所谓规矩准绳者也。墨斗被认为是鲁班的化身,鲁班是木匠的守护神。有人误认为中国木匠不画设计图就兴建,其实是不对的。古代的设计图有的很简单,如同草图,也有的很精细复杂,否则尺寸无法掌握,材料数量也无法估计。建筑物的总平面图是最基本的,现在还可以在台南赤嵌楼下的"重修府城城隍庙"石碑上看到。其次要画一张很重要的"栋架图",这张图只有木匠看得懂,里面注明屋顶的坡度、桁条的位置、斗拱的大小与柱子的距离。另外各种雕花匠也要提出花样题材的图样。

开工时在现场附近搭建工寮,工匠住在里面以方便施工。但台湾早期有些石雕龙柱及石堵是在大陆刻好后才运来的。填实基础及柱子,称为"定磉立柱"。台湾的柱础又称为柱珠,早期的多呈圆鼓形,中期以后多用八角形与莲瓣形,且有腰身。这些都是石匠的工作。再来是"穿屏搁架",由木匠掌握全局。大木匠师手里有一支很长的篙尺,上面刻记这栋建筑所有不同部位,包括梁、斗拱、桁木及椽子的高度尺寸。凭这把尺可以指导他的副手进行各种小构件的制作。等搁架时,将所有预做好的大小构件拼装起来,完全用榫头相接,不用铁钉。这个工作实际上是一种预制建造法,可以缩短工期。拼装时通常先架设左边,再架右边,符合"左为大"的精神。最后架上中脊桁木时称为上梁,要择日进行,并且由大木匠师主持一个隆重的仪式。柱子有石、砖及木三种构造,如果作成圆形的,中央要略胖,上下略细,称为收分。柱头上有榫洞以容纳不同方向的梁木,里面有燕尾形的暗榫,以防脱落。柱上及梁上可安置斗拱,斗拱是中国建筑最重要的特色,利用层层上叠的斗拱来挑起出檐及屋顶的重量。当地震来临时,这些斗拱因为拥有很多的节点,可以消化一部分的震动。斗拱主要使用两种,在柱头及瓜柱上的常用单向的插拱式,另一种双向的斗拱常用在梁上。拱的形状多为关刀形,但后期流行夔龙形,带有很多曲线。

　　屋架装设完成之后就可以铺瓦。瓦有板瓦及筒瓦两种,后者多用于官宅或庙宇。铺瓦时正反相扣,向上的称为"笑瓦",向下的称为"哭瓦",让雨水从笑瓦的槽流下来,屋檐处再置瓦当及滴水。滴水又叫雨簾,下雨时有如簾幕一样。再下去的工作称为"合脊收规"。规即指垂脊,屋脊要以砖砌高,借它的重量来压屋顶,以免被风从底下吹起。屋脊的形状都略带下垂的曲线,官宅或庙宇的脊更为夸张,两端向上翘起,构成一条有力量的弧线,称为燕尾脊。不作燕尾脊的,则将山墙砌高收住。山墙的形状有五种,各象征金木水火土五行。屋脊及屋瓦作好之后就可以开始油漆室内,中国建筑多使用木构造,涂上油漆及彩绘,一方面可增加美观,一方面也有防腐损的作用。比较豪华的民宅或庙宇,还要聘请画匠或地方上的文人在梁柱或墙壁上画画或题诗句。彩画完成之后再安置神龛或家具,一座建筑就大功告成了,这时要举行盛大的典礼庆祝。有一个规矩就是"落砛定磉"时石匠在筵席上坐首位,上梁时木匠坐首位,而完工时瓦匠或彩匠坐首位,借以表示对匠师的尊重。古代的匠师的社会地位崇高,因为民间认为房子与居住者的命运有直接的关系,因此深恐对匠师的招待不周,会被设计成不吉的尺寸或安放不祥物,这种技巧称为"作窍"或"见损",因此匠师有一天吃五餐之说法。

　　再说到匠师的派别。以台湾为例,在光绪年以前台湾几乎所有的匠师都来自中国内地,被称为"唐山师傅"。福建系统的主要来自漳州、泉州,广东系统的来自潮州、汕头及粤东大埔一带。其中以泉州惠安师傅最出名。惠安溪底村出了一支叫做"溪底师傅"的木匠帮,鹿港龙山寺、天后宫、台北的孔庙、龙山寺及新竹城隍庙、南鲲鯓代天府等都出自溪底派木匠之手。另外,在清末及日据初年,台湾本地也有一个匠派崛起,那就是出名的板桥陈应彬派,他们的做法更精细，像北港朝天宫、木栅指南宫、台北保安宫、桃园景福宫等都是其杰作。今天仍在各地主持庙宇修建的老师傅大多是这两派的传人。另外，安平、台南、关西及宜兰也有一些匠师，他们的势力较小。古代的匠师自称为工夫人，他们之间的竞争相当激烈，技巧自成一格，不轻易传授外人。学徒要从磨工具或打杂等劳役作起，历经三年四个月才算出师。出师后也很少自行开业，通常仍要在师傅旗下做上十多年才能独当一面，技艺才能更成熟。如果一座建筑有两个匠师争着要建，那么问神决定。可能一位做前殿，另一位做后殿，属于合作方式。有时则采取对抗方式，从中间线分左右两半，每人各做一边，称为"对场"。为了面子就演成争奇斗艳。我们仔细观察可以看出两边的细节不尽相同，如新庄地藏庵、中港慈裕宫、万丹万惠宫等。板桥林家花园的来青阁也是由两派的匠师竞作而成。[①]

附录二：民居建筑基本构造名词

序　号	名　称	使用功能
一		台基部分
1	石　阶	台基边缘的石条，入口处的石条要整块完整，不能有接缝
2	柱　珠	即柱础，为石块雕成，高略等于柱径。有圆鼓形、瓜瓣形、莲瓣形、八角形等，其功用可防水渗入木柱，也有美观作用
3	礩　石	在柱珠下面的正方形石块，承受柱子压下来的重量
4	斜　魁	通常在正殿台基前方中央置一个倾斜石块，上雕云龙，又称为御路。原为方便神轿出入，浮雕有止滑作用
5	石　鼓	也称为抱鼓石或石球，置于中门门柱前方。它的功能是作为门柱的柱础的一部分，可以防止门柱摇动，石鼓的下方有基座，有如柜台脚

① 摘自李乾朗《传统建筑入门》。

续表

序 号	名 称	使用功能
6	石 狮	置于中门门柱前，实际上与石鼓的作用相同。左边放雄狮，造型威而不猛，上身挺起，前肢玩绣球；右边放雌狮，戏小狮子
7	石门枕	又称为门箱，形状有如箱子，置于边门的门柱前，也是柱珠的变形，有稳定门柱作用
二		屋身部分
8	石 垛	即墙上的石块，也写成石堵，通常分为顶垛、垛仁、腰垛、下裙垛及座脚五个部分。垛仁的高度等于人眼高度，可雕空成为窗子，夔龙炉图案最多
9	祈求吉庆垛	置于庙宇前殿门口两侧的墙上。一边雕上武将持"旗"，童子持"球"，另一边亦雕"戟"与"磬"。取谐音之意
10	水车垛	墙上高处的一种水平装饰带，有凹凸线脚，里面安置泥塑人物或彩画
11	龙 柱	庙宇才可置龙柱，龙身缠绕一周，通常头下尾上，但也有少例头上尾下。较近代的庙宇喜在一柱上做双龙，称为"天翻地覆"法。除龙柱外，另有人物柱、花鸟柱或楹联柱等
12	四点金柱	一座建筑室内中央最主要的四根柱子称为四点金柱
13	付点柱	在四点金柱前后的柱子都称为"付点"或"副点"柱，意为次要的柱子
14	封 柱	被门窗夹住的柱子称为封柱。封柱较单纯，不施花鸟或人物等雕刻
15	平 柱	与山墙结合的柱子，又称为附壁柱
三		屋架部分
16	瓜 柱	在屋架上面只顶住屋顶但不下地的短柱子，又称为"侏儒柱"或"童柱"，它骑在梁上

序 号	名 称	使用功能
17	瓜 筒	将瓜柱的下方雕成瓜状，并雕出鸭蹼形的鼻钩住大梁，是加强稳定的构件
18	狮 座	在梁上的狮子，其功能与瓜筒相同
19	员 光	在较短的梁下的长形木构件，又称为梁垂直或随梁枋。其功能也是为稳定梁柱不易变形，使之成九十度
20	托 木	也写成托目，宋代称为绰幕，清代称为雀替。一般俗称为插角，即安置在梁柱的交点的角落之意，也具有稳定直角的功能
21	吊 筒	又称垂花，悬在梁下的柱子，多雕成莲花或白菜，龙柱上均有。其功能为将屋顶重量传递至龙柱
22	斗 拱	安置于柱头或梁上，由方块形木与肘形木组合而成的构造。斗有方斗、圆斗、八角斗、六角斗等花样；拱有关刀拱、草尾拱、葫芦拱及夔龙拱等，后者又称为螭虎拱
23	结网或藻井	装置在庙宇室内屋顶下的斗拱组合，有八角、椭圆及正圆等形式，又称为蜘蛛结网
24	刀挂籤	在门楣上有凸出的两个雕刻，有如印章或龙头，后尾穿过门楣以锁住门臼
25	鸡 舌	在斗拱的最上层与桁木相接之间的长形构件，尾端作成鸡舌状，故名。是一种加强稳定的构件
26	桁 木	即屋顶下的梁，又写成楹木。最上的一根称为中脊，上梁典礼时即安放它；最下且悬在屋檐下的桁木称为"挑檐桁"或"捧前桁"
27	通 梁	在前后点金柱之间的梁称为通梁，从下而上有大通、二通、三通之分
28	寿 梁	在左右金柱或付点柱之间的称为寿梁
29	弯 枋	在门楣上方呈弯曲形的枋木，一般多为三弯或五弯

序 号	名 称	使用功能
30	连 拱	在弯枋之上的斗拱，因连成一片故谓之连拱
31	叠 斗	在瓜筒之上叠成数层的斗，代替童柱之用
四		屋顶部分
32	檐 板	屋檐下的扁长形木板，可保护屋瓦下的桷木
33	桷 木	即椽子，置于桁木之上，屋瓦之下
34	筒 瓦	竹筒形的瓦，多用于较正式的建筑，民房多用略弯曲的板瓦
35	瓦 当	筒瓦最下面的一块置有圆形物，上面有图案
36	滴 水	两个瓦当之间的尖形物，又称为雨簾，雨水由此处落下
37	燕尾脊	弯曲的屋脊，两端可做成燕尾式分叉装饰，称为燕尾脊。庙宇及官宅多用之
38	西施脊	庙宇屋顶主脊之上再加一层屋脊，使之更高耸华丽
39	鹅 头	山墙头的部位称为鹅头，因形如马鞍，又有人称之为马背
40	剪 粘	一种贴瓷片的技巧，利用各种颜色的碗片以灰浆固定，做成人物花草等装饰，多置于屋脊上
41	交趾烧	来自广东方面的陶艺技巧，做成各种生动的人物走兽放在屋脊上或水车垛上
42	鸟 踏	在山墙外面以砖砌成凸出的水平线条，原来功用是防止壁面淋雨，后来渐转变为装饰带

续表

序　号	名　称	使用功能
43	规　带	即垂脊，前后方向的屋脊
44	牌　头	在规带最下方做成收头，其上可置假山等剪粘装饰
45	四垂顶	四面均有屋顶的形式，又称为四面落水顶。大庙的正殿常使用这种形式的屋顶，如台南孔庙大成殿，武庙大殿及台北龙山寺大殿等

资料来源：摘自李乾朗《传统建筑入门》。

附录三：台湾省主要民居及祠堂简况

分布县 （市）	名　称	保护 级别	位　置	民居建筑特点
台北市	艋舺谢宅	市定	台北市万华区西昌街88 号	艋舺仅存的少数合院式大宅，清代原物
台北市	大稻埕辜宅	市定	台北市大同区归绥街303 巷 9 号	中西合璧式洋楼，20 世纪20 年代富商华宅代表作品
台北市	义芳居古厝	三级	台北市大安区基隆路三段 155 巷 128 号	清末安溪移民在台北盆地山麓所建的民居
台北市	龙安坡黄宅濂让居	市定	台北市大安区和平东路二段 76 巷 4 号	三合院民宅，砖工精美，为市区中难得的古宅
台北市	芳兰大厝	市定	台北市大安区基隆路三段 155 巷 174 号	清代台北盆地边缘仅存少数农宅之一
台北市	圆山别庄	市定	台北市中山区中山北路三段 181 号	欧式半木结构洋楼的精品

分布县（市）	名　称	保护级别	位　置	民居建筑特点
台北市	陈悦记祖宅（老师府）	三级	台北市大同区延平北路四段 231 号	公妈厅与公馆厅并存的住宅
台北市	内湖郭氏古宅	市定	台北市内湖区文德路 241 巷 19 号	运用石材与砖木构造的古宅，具有台北附近古宅的特点
台北县	林本源园邸	二级	台北县板桥市西门街 42-65 号及 9 号	台湾清代私家园林的代表
台北县	芦洲李宅	三级	台北县芦洲乡中原村中正路 243 巷 11 号	大厝九包五，三落百二门的三进大宅
台北县	深坑黄氏永安居	三级	台北县深坑乡万顺村万顺寮 1 号	山居型的三合院，拥有数十个铳孔的北部型民居
桃园县	李腾芳古宅（李举人古厝）	二级	桃园大溪镇月眉路 15 号	三合院与四合院结合的古宅，护室使用减柱法
桃园县	新屋范姜祖堂	三级	桃园县新屋乡新生村中正路 110 巷 9 号	全台罕见的双姓范姜氏的祖堂，建筑风格有客家人的朴素淡雅特色
新竹市	进士第（郑用锡宅第）	二级	新竹市北区北门街 179 号	开台进士郑用锡的宅第，其特色为门面多石雕
新竹市	新竹郑氏家庙	三级	新竹市北区北门街 185 号	庙前有族人中举的旗杆座数个
新竹县	新埔潘宅	三级	新竹县新埔镇和平街 90 号	二道墙门的三合院古宅，格局规整
新竹县	新埔上枋寮刘宅	三级	新竹县新埔镇上寮里 238 号	规模宏大且保存良好的客家古宅，后山前水，形势优美
新竹县	新埔刘家祠	三级	新竹县新埔镇和平街 104 号	北部客家地区典型的家祠，砖工及木作优异

续表

分布县（市）	名　称	保护级别	位　置	民居建筑特点
新竹县	竹北问礼堂	三级	新竹县竹北市东平里六家 24 号	为林氏祠堂，采用当地石材作基础，风格朴拙
新竹县	关西郑氏祠堂	三级	新竹县关西镇明德路 56 号	三合院形制的祠堂，中庭铺卵石以透地气
台中市	台中林氏宗祠	三级	台中市南区国光路 55 号	名匠陈应彬高峰时期所建，木雕水准很高
台中县	雾峰林宅	二级	台中县雾峰乡（顶厝：锦荣村民生路 42 号。下厝：本堂村民生路 28 号。颐圃：锦荣村民生路 38 号。莱园：莱园村莱园路 91 号，私立明台高职内。）	四合院带多护室的古宅，建筑风格属台湾中部型。顶厝及下厝大都毁于九二一地震，重建的花厅戏台亦倒毁
台中县	社口林宅	三级	台中县神冈乡社口村中山路 600 巷 8、9、10 号	四合院带多护室的古宅，建筑风格属台湾中部型
台中县	筱云山庄	县定	台中县神冈乡三角村大丰路 116 号	一座包含了四合院、书斋、庭园与近代住宅的优美宅邸
台中县	大甲文昌祠	三级	台中县大甲镇文武路 116 号	四合院格局，木雕尚精美
台中县	摘星山庄	县定	台中县潭子乡潭富路二段 88 号	台湾中部在清末所建两落多护龙大宅第，雕饰冠于全台，尤其是砖雕、交趾陶与木雕，艺术价值极高
彰化县	彰化怀忠祠	三级	彰化县彰化市民权路 169 巷 2-3 号	清初汉人与原住民冲突，为祭祀受难者所建祠堂，具开拓史意义
彰化县	马兴陈宅（益源大厝）	二级	彰化县秀水乡马兴村益源巷 4 号	平面宏大的古宅，前有旗杆座，为中举的象征
彰化县	余三馆	三级	彰化县永靖乡港西村中山路一段 451 巷 2 号	正堂带轩亭，并有精美门楼的光绪年间民宅

续表

分布县（市）	名　称	保护级别	位　置	民居建筑特点
南投县	草屯墩伦堂	三级	南投县草屯镇芬草路335 号	一座漳州风格的建筑，其悬山顶与木屋架为漳州常见形式
云林县	廖家祠堂	三级	云林县西螺镇福兴路222 号	格局完整而优美的祠堂
台南市	台南郑氏家庙	三级	台南市中区忠义路二段 36 号	奉祀郑成功祖先的家庙
台南市	全台吴氏大宗祠	三级	台南市中区成功路175 巷 57 号	开山抚番总兵吴光亮倡建的大宗祠
台南市	台南石鼎美古宅	三级	台南市西区西门路二段 225 巷 4 号	台南闹市区中保存的古宅
台南市	台湾开拓史料蜡像馆（原英商德记洋行）	三级	台南市安平区安北路194 号	拱廊式样的洋楼
高雄市	内惟李氏古宅	市定	高雄市鼓山区内惟路379 巷 11 号	日占时期高雄两大洋楼住宅之一
屏东县	佳冬萧宅	三级	屏东县佳冬乡佳冬村沟渚路 1 号	五进大宅，前为厅、后为房的格局
屏东县	佳冬杨氏宗祠	三级	屏东县佳冬乡六根村冬根路 19-30 号	祠堂前水池中有太极形双岛，具有生生不息的象征
澎湖县	蔡廷兰进士第	三级	澎湖县马公市兴仁里双头挂 29 号	四合院古宅第，近年毁损严重
澎湖县	澎湖二崁陈宅	三级	澎湖县西屿乡二崁村6 号	三进古宅，系澎湖匠人所建，具有地方特色
金门县	水头黄氏酉堂别业	二级	金门县金城镇金水村前水头 55 号	金门唯一有园林之胜的古宅，前水后山，环境优美
金门县	卢若腾故宅	三级	金门县金城镇贤庵村贤厝 9 号	明代金门文士卢若腾故宅，外观朴实

续表

分布县（市）	名　称	保护级别	位　置	民居建筑特点
金门县	将军第	县定	金门县金城镇珠浦北路 24 号	清代卢成金将军官邸，为金门地区典型的三落大宅
金门县	琼林蔡氏祠堂	二级	金门县金湖镇琼林村琼林街 13 号	琼林有数座蔡氏祠堂，每座皆不相同，典型的金门聚落
金门县	西山前李宅	三级	金门县金沙镇三山村西山前 17、18 号	金门梳式布局村落的典型例子，排列整齐
金门县	西山前李氏家庙	县定	金门县金沙镇三山村西山前 22 号	两殿式的典型的家庙，木作油漆以黑色为主调，乃正统做法
金门县	东溪郑氏家庙	县定	金门县金沙镇大洋村东溪 14 号	两殿式家庙，木雕与石雕俱精，新竹郑家源自金门
金门县	浦边周宅	县定	金门县金沙镇浦边 95 号	金门大六路（五开间）的清代官宅代表
金门县	古宁头振威第	三级	金门县金宁乡古宁村北山 21 号	建于清乾隆年间的提督宅第
金门县	杨华故居	县定	金门县金宁乡湖浦村湖下 114 号	典型的金门小型民宅，形制古朴
金门县	烈屿吴秀才厝	县定	金门县烈屿乡上库 25 号	四合院大宅第，雕刻精美，砖工尤其精致

资料来源：根据李乾朗资料整理。

附录四：台湾民居建筑大事记

公元	中国纪年	政治社会经济文化	民居建筑	备注
203 年	黄龙三年	《三国志》提及夷州		
610 年	隋大业六年	隋炀帝遣陈棱、张镇州征流求		

公 元	中国纪年	政治社会经济文化	民居建筑	备 注
1292 年	元至元 二十九年	元世祖遣杨祥征流求，元朝于澎湖设巡检司		
1349 年	至正九年	汪大渊《岛夷志略》有"澎湖、流求"的记载		
1405 年	明永乐三年	郑和下西洋经澎湖		
1564 年	嘉靖四十三年	明朝于澎湖驻兵设巡检司		
1604 年	万历三十二年	荷人入侵澎湖		
1624 年	天启四年	荷人占安平。颜思齐登陆北港，为泉州人开发台湾之始		
1629 年	崇祯二年	西班牙人进占淡水，继而入台北平原。郑芝龙招饥民入台开垦		
1646 年	隆武二年	郑芝龙降清。郑成功起兵抗清		
1661 年	永历十五年	三月，郑成功自金门出师，进攻台湾		
1662 年	永历十六年 （清康熙元年）	二月，荷兰人投降，郑成功收复台湾。六月，郑成功去世，子郑经继位		
1663 年	永历十七年 （清康熙二年）		郑经宅，黄安宅	
1670 年	永历二十四年 （清康熙元年）		澎湖张百万宅	
1683 年	清康熙 二十二年	七月，施琅攻取台湾，明郑政权亡		
1684 年	康熙二十三年	清设台湾府，下辖台湾、凤山、诸罗三县。颁布渡台禁令，仅准泉州、厦门与台湾鹿儿门对渡		
1708 年	康熙四十七年	泉州籍移民开发台北盆地		

续表

公　元	中国纪年	政治社会经济文化	民居建筑	备　注
1718 年	康熙五十七年		万福庵陈厝	
1721 年	康熙六十年	朱一贵事件，清廷遣蓝廷珍渡海平乱		
1723 年	雍正元年	调整行政区为一府四县二厅		
1750 年	乾隆十五年	林成祖开发摆接一带	公馆林宅	
1775 年	乾隆四十年		麻豆郭宅	
1781 年	乾隆四十六年		中州郑宅、新埔上枋寮刘宅	
1784 年	乾隆四十九年	开放泉州晋江蚶江与彰化鹿港对渡		
1790 年	乾隆五十五年		大内杨宅	
1792 年	乾隆五十七年	开放北台湾八里岔港与福州五虎门、泉州蚶江对渡		
1802 年	嘉庆七年		大龙峒四十四崁	
1806 年	嘉庆十一年		台南新街谢宅	
1809 年	嘉庆十四年	调整行政区为一府四县三厅		
1822 年	道光二年	大飓风	林安泰宅，新竹郑宅	
1823 年	道光三年		台南石鼎美宅	
1825 年	道光五年		新竹曾宅	
1830 年	道光十年		砖仔桥吴宅	
1831 年	道光十一年		草屯洪祖厝	

公 元	中国纪年	政治社会经济文化	民居建筑	备 注
1832 年	道光十二年		北埔姜宅	
1833 年	道光十三年		台南鸭母寮吕宅	
1838 年	道光十八年		郑用锡在新竹北门建进士第	
1840	道光二十年	鸦片战争爆发		
1841 年	道光二十一年		金门琼林蔡氏十一世祠堂	
1842 年	道光二十二年	签定中英《南京条约》，厦门开港		
1846 年	道光二十六年	林本源家经营板桥	彰化马兴益源古厝、澎湖蔡进士第	
1851 年	咸丰元年		台中雾峰林宅	
1853 年	咸丰三年	太平天国起义	林国华建板桥林家三落大厝。台北士林杨宅	
1854 年	咸丰四年		新屋范姜祖厝	
1859 年	咸丰九年		陈悦记	
1860 年	咸丰十年		湖口张宅	
1861 年	咸丰十一年			泉州名匠王益顺出生于泉州惠安溪底村
1862 年	同治元年		桃园大溪李腾芳举人宅，雾峰林宅下厝	

续表

公元	中国纪年	政治社会经济文化	民居建筑	备注
1863 年	同治二年	高雄、基隆相继开港	清水蔡宅	
1864 年	同治三年	太平天国起义失败		漳派名匠陈应彬出生
1865 年	同治四年		盐水叶宅	
1866 年	同治五年		神岗筱云山庄	
1867 年	同治六年		景熏楼	
1870 年	同治九年		沙鹿林宅	
1871 年	同治十年		大里林宅	
1874 年	同治十三年	沈葆桢上任颁开山抚番大量招募移民	板桥林家五落大厝	
1875 年	光绪元年	设台北府，为二府八县五厅	麻豆林宅，潭子林宅	
1879 年	光绪五年		屏东佳冬萧宅	
1880 年	光绪六年		大肚竹坑陈宅	
1881 年	光绪七年		淡水忠寮李宅	
1884 年	光绪十年	中法战争爆发	新竹李宅	
1885 年	光绪十一年	台湾建省，刘铭传任首任巡抚		
1888 年	光绪十四年		板桥林家扩建庭园，台中吴宅	
1889 年	光绪十五年		彰化永靖余三馆	
1890 年	光绪十六年	刘铭传去职	斗六吴宅	

续表

公　元	中国纪年	政治社会经济文化	民居建筑	备　注
1893 年	光绪十九年		竹山林宅	
1895 年	光绪二十一年	《马关条约》割让台湾，从此台湾沦为日本殖民地达五十年		全台人口约 250 万人
1897 年	光绪二十三年	各地抗日活动蜂起，日本人在全台实行戒严令，并陆续拆除台北城里清代建筑	苑里蔡宅	
1899 年	光绪二十五年	日本人颁布《家屋建筑规则》，规定建筑与道路的关系	大甲杜宅	
1900 年	光绪二十六年	日本人拆除台北府城墙，于原址开辟道路		
1911 年		辛亥革命，推翻清朝统治	台北建总督府，原址林氏及陈氏宗祠被迫迁移	
1920 年				泉州名师王益顺去台建造艋舺龙山寺
1921 年		《台湾通史》出版		板桥匠师陈应彬修台中林祠
1937 年		七七事变，中国抗日战争爆发		
1945 年		日本投降，台湾、澎湖归还中国		

资料来源：根据李乾朗资料整理。

参考文献

1. 周振鹤等:《方言与中国文化》,上海人民出版社 1986 年版。

2. 王耀华主编:《福建文化概览》,福建教育出版社 1994 年版。

3. 吕良弼等:《台湾文化概观》,福建教育出版社 1993 年版。

4. 朱维干:《福建史稿》,福建教育出版社 1984 年版。

5. 陈支平:《福建族谱》,福建人民出版社 1996 年版。

6. 陈正祥:《中国文化地理》,三联书店 1983 年版。

7. 葛剑雄等:《简明中国移民史》,福建人民出版社 1993 年版。

8. 连横:《台湾通史》,台北:众文图书公司 1994 年版。

9. 陈支平:《近 500 年来福建的家族社会与文化》,三联书店 1991 年版。

10. 郑振满:《明清福建家庭组织与社会变迁》,湖南教育出版社 1992 年版。

11. 何绵山:《闽文化概论》,北京大学出版社 1996 年版。

12. 林仁川等:《闽台文化交融史》,福建教育出版社 1997 年版。

13. 福建省地方志编纂委员会:《福建省志·文物志》,方志出版社 2002 年版。

14. 王东:《客家学导论》,上海人民出版社 1996 年版。

15. 赵昭炳主编:《福建省地理》,福建人民出版社 1993 年版。

16. 王建民、毕福臣:《台湾省地理》,福建人民出版社 2002 年版。

17. 陈运栋:《台湾的客家人》,台北:台源出版社 1998 年版。

18. [日]藤岛亥治郎:《台湾的建筑》,台北:台源出版社 1986 年版。

19. 李如龙:《福建方言》,福建人民出版社 1997 年版。

20. (清)林枚:《阳宅会心集》,嘉庆十六年致和堂藏。

21. 何晓昕：《风水探源》，东南大学出版社 1990 年版。

22. 李乾朗：《台湾建筑史》，台北：雄狮图书股份有限公司 1979 年版。

23. 李乾朗：《传统建筑入门》，"行政院文化建设委员会" 1984 年印行。

24. 李乾朗、俞怡萍：《古迹入门》，台北：远流出版公司 1999 年版。

25. 黄汉民：《客家土楼民居》，福建教育出版社 1995 年版。

26. 陆元鼎等：《广东民居》，中国建筑工业出版社 1990 年版。

27. 高轸明等：《福建民居》，中国建筑工业出版社 1987 年版。

28. 黄为隽等：《闽粤民宅》，天津科学技术出版社 1992 年版。

29. 姚承祖：《营造法原》，中国建筑工业出版社 1986 年版。

30. 李允鉌：《华夏意匠》，香港广角镜出版社 1982 年版。

31. 刘致平：《中国建筑类型与结构》，中国建筑工业出版社 1987 年版。

32. 程建军：《风水与建筑》，江西科学技术出版社 1992 年版。

33. 《台湾的泉州人专集》，《汉声杂志》(19)，台北：汉声出版社 1989 年版。

34. 方拥：《泉州南安蔡氏古民居建筑群》，《福建建筑》1988 年第 4 期。

35. 周谷城：《中国通史》，上海人民出版社 1981 年版。

36. 厦门大学历史所：《福建经济发展简史》，厦门大学出版社 1989 年版。

37. 陈成南主编：《漳州名胜与古建筑》，天津科学技术出版社 1995 年版。

38. 泉州历史文化中心主编：《泉州古建筑》，天津科学技术出版社 1991 年版。

39. 庄兴发、王式能：《惠安石雕》，福建人民出版社 1993 年版。

40. 李乾朗：《金门民居建筑》，台北雄狮图书出版公司 1978 年版。

41. 李乾朗：《台湾传统建筑匠艺》，台北燕楼古建筑出版社 1995 年版。

42. 李乾朗：《台湾传统建筑匠艺二辑》，台北：燕楼古建筑出版社 1999 年版。

43. 李乾朗：《台湾传统建筑匠艺四辑》，台北：燕楼古建筑出版社 2001 年版。

44. 黄汉民：《福建土楼》(上、下册)，台北汉声杂志社出版 1994 年版。

45. 黄浩等：《江西天井式民居》，江西省建设厅、景德镇市城乡建设局，1990 年。

46．张千秋等主编：《泉州民居》，海风出版社 1996 年版。

47．张千秋等主编：《泉州市建筑志》，中国城市出版社 1995 年版。

48．李玉昆：《泉州海外交通史略》，厦门大学出版社 1995 年版。

49．刘子民：《寻根揽胜漳州府》，华艺出版社 1990 年版。

50．刘子民：《漳州人过台湾》，海风出版社 1990 年版。

51．陆元鼎主编：《中国传统民居与文化》，中国建筑工业出版社 1991 年版。

52．陆元鼎主编：《中国传统民居与文化》（二），中国建筑工业出版社 1992 年版。

53．李长杰主编：《中国传统民居与文化》（三），中国建筑工业出版社 1995 年版。

54．黄浩主编：《中国传统民居与文化》（四），中国建筑工业出版社 1996 年版。

55．李先逵主编：《中国传统民居与文化》（五），中国建筑工业出版社 1997 年版。

56．颜纪臣主编：《中国传统民居与文化》（七），山西科学技术出版社 1999 年版。

57．陆元鼎主编：《民居史论与文化》，华南理工大学出版社 1995 年版。

58．《两岸传统民居资产保存研讨会论文专集》，1999 年。

59．阎亚宁：《台湾传统建筑的基型与衍化现象》，东南大学 1996 年博士学位论文。

60．潘安：《客家民系与客家聚居建筑》，中国建筑工业出版社 1998 年版。

61．余英：《中国东南系建筑区系类型研究》，中国建筑工业出版社 2001 年版。

62．戴志坚：《闽海系民居建筑与文化研究》，中国建筑工业出版社 2003 年版。

63．陈日源主编：《培田——辉煌的客家庄园》，国际文化出版公司 2001 年版。

64．1995 年《海峡两岸传统民居理论学术研讨会论文专辑》，《华中建筑》1996 年第 4 期。

65．丁俊清：《中国居住文化》，同济大学出版社 1997 年版。

66．黄汉民：《福建民居的传统特色与地方风格》，《建筑师》第 19～21 期。

67．毕福臣：《台湾简史》，《台湾省地图册》，中国地图出版社 1998 年版。

68．刘敦桢：《中国住宅概况》，中国建筑工业出版社 1957 年版。

69．黄汉民：《闽南民居建筑文化特性》，台湾《海峡两岸传统建筑技术观摩研讨会实录》，1994 年。

70．黄汉民：《传承与创造——之一：福建民居的特质》，台湾《传统民居与现代生活之探讨》研讨会专辑，1997 年。

71．陆元鼎：《传统民居特征及其在现代建筑中的借鉴与应用》，台湾《传统民居与现代生活之探讨》研讨会专辑，1997 年。

72．陆元鼎等：《广东潮汕民居》，《建筑师》1982 年第 13 期。

73．张至正：《泉州传统民宅形式初探》台湾：东海大学 1997 年硕士学位论文。

74．庄英章等编：《台湾与福建社会文化研究论文集》（1）（2），台北研究院民族学研究所，1994 年。

75．谭其骧：《简明中国历史地图集》，中国地图出版社 1991 年版。

76．郭沫若主编：《中国史稿地图集》（上、下），中国地图出版社 1980 年版。

77．侯幼彬：《中国建筑美学》，黑龙江科学技术出版社 1997 年版。

78．黄汉民：《老房子——福建民居》，江苏美术出版社 1994 年版。

79．《漳州历史与文化论集》，漳州地方志编纂委员会 1989 年。

80．施联朱：《台湾史略》，福建人民出版社 1980 年版。

81．福建日报社编：《八闽纵横》1980 年第 1 集。

82．福建日报社编：《八闽纵横》1981 年第 2 集。

83．何绵山：《八闽文化》，辽宁教育出版社 1998 年版。

84．胡友鸣等：《台湾文化》，辽宁教育出版社 1995 年版。

85．罗香林：《客家研究导论》，台北众文图书股份有限公司 1933 年版。

86．罗香林：《客家源流考》，北京华侨出版公司 1989 年版。

87．邓迅之：《客家源流研究》，台湾天明出版社 1982 年版。

88．关华山：《民居与社会、文化》，台湾明文书局 1989 年版。

89.（清）道光重纂《福建通志》。

90.（清）乾隆《泉州府志》。

91.（清）光绪《漳州府志》。

92.（清）乾隆《龙溪县志》。

93.（清）同治《潮州府志》。

94. 民国《福建通志》。

95.（清）乾隆《南安府志》。

96.（清）光绪《漳浦县志》。

97.（清）嘉庆《惠安县志》。

98.（清）乾隆《潮州府志》。

99. 民国《永定县志》。

后 记

在出版印刷业高度发达的今天,出版一本书固然不那么困难了,但要出版一本有较高学术价值的著作就没有那么容易了,至于要出版一套有鲜明特色、被学界认可的丛书,难度就更大了。凡是当过丛书主编的人应该都有共同的体会,即著书立说是个人的行为,只要自己把自己搞定了就可以,而编纂丛书则是集体的行为,需要诸多作者的齐心协力,除了需要丛书的所有作者对某个学术问题有着共同的学术兴趣、相似的学术理念、深厚的学术积淀外,还需要作者们在某个时段内集中精力撰写书稿,并在规定的时间内提交,这一点往往很难做到步调一致。而本丛书从动议到出版,整个过程环环相扣,非常顺利,首先自然要归功于各位作者的齐心协力,他们在百忙中把丛书的撰稿放在首要位置,按时甚至提前提交了高质量的书稿,从而为丛书的顺利出版奠定了坚实基础。所以我们要特别感谢各位作者为本丛书的出版所付出的辛勤劳动和作出的重要贡献。其次,本丛书的出版得到未署名的诸多学者的帮助,他们或撰写某个重要章节,或提供某些珍贵资料,或审读了某些书稿并提出宝贵的修改意见,或参与修订、录入和校对工作,由于涉及的人很多,恕不一一列出尊姓大名,但我们感铭在心,并在此表示衷心的感谢!再次,要感谢福建师范大学海峡两岸文化发展协同创新中心对丛书的出版给予的大力支持,感谢人民出版社的领导和编辑们付出的辛勤工作。另外,本丛书吸收了学术界许多研究成果,虽然在书后的参考文献中已一一列出,但难免有遗珠之憾,在此请求各位方家谅解,并致以衷心的感谢!

刘登翰 林国平

二〇一三年七月

责任编辑:詹素娟
装帧设计:周涛勇

图书在版编目(CIP)数据

闽台民居建筑的渊源与形态/戴志坚 著. -北京:人民出版社,2013.9
ISBN 978-7-01-012623-4

Ⅰ.①闽⋯ Ⅱ.①戴⋯ Ⅲ.①民居-研究-福建省②民居-研究-台湾省
  Ⅳ.①TU241.5

中国版本图书馆 CIP 数据核字(2013)第 228428 号

闽台民居建筑的渊源与形态
MINTAI MINJU JIANZHU DE YUANYUAN YU XINGTAI

戴志坚 著

人民出版社 出版发行
(100706 北京市东城区隆福寺街 99 号)

北京中科印刷有限公司印刷 新华书店经销

2013 年 9 月第 1 版 2013 年 9 月北京第 1 次印刷
开本:710 毫米×1000 毫米 1/16 印张:16
字数:260 千字

ISBN 978-7-01-012623-4 定价:46.00 元

邮购地址 100706 北京市东城区隆福寺街 99 号
人民东方图书销售中心 电话 (010)65250042 65289539